高职高专工业机器人技术专业规划教材

U0229003

工业机器人
技术基础

杨润贤　曾小波　主　编 ⊕

高　杨　詹国兵　陈　冰　副主编 ⊕

王　斌　主　审 ⊕

化学工业出版社

·北京·

本书突出工业机器人技术的基础性、实用性和共用性知识，通过工作任务实施进行教材内容组织，主要讲解了工业机器人基本知识和基本技能。书中内容包括工业机器人及其应用、工业机器人数学基础、工业机器人运动学、工业机器人动力学、工业机器人机械结构、工业机器人感知技术、工业机器人控制、工业机器人编程、工业机器人轨迹规划、工业机器人典型应用。

为方便教学，本书配套视频、微课、课件等数字资源，视频、微课等通过扫描书中二维码观看学习，教学课件等可登录化学工业出版社教学资源网 www.cipedu.com.cn 免费下载。

本书可作为高职高专院校工业机器人及机电类相关专业的教材，也可作为相关技术人员参考用书，同时也适合作为企业培训用书。

图书在版编目（CIP）数据

工业机器人技术基础/杨润贤，曾小波主编. —北京：化学工业出版社，2018.7（2024.8 重印）

高职高专工业机器人技术专业规划教材

ISBN 978-7-122-32069-8

Ⅰ．①工⋯　Ⅱ．①杨⋯　②曾⋯Ⅲ．①工业机器人-高等职业教育-教材　Ⅳ．①TP242.2

中国版本图书馆 CIP 数据核字（2018）第 086654 号

责任编辑：韩庆利　李　娜　　　　　文字编辑：张绪瑞
责任校对：吴　静　　　　　　　　　装帧设计：刘丽华

出版发行：化学工业出版社（北京市东城区青年湖南街 13 号　邮政编码 100011）
印　　装：北京建宏印刷有限公司
787mm×1092mm　1/16　印张 12½　字数 314 千字　　2024 年 8 月北京第 1 版第 5 次印刷

购书咨询：010-64518888　　　　　　售后服务：010-64518899
网　　址：http://www.cip.com.cn
凡购买本书，如有缺损质量问题，本社销售中心负责调换。

定　　价：34.00 元　　　　　　　　　　　　　　　　版权所有　违者必究

中国高等职业教育作为社会经济发展的重要基础和教育战略重点的地位已经确定，高职教育在"以服务为宗旨，以就业为导学"的办学方针指导下得到快速发展。同时，中国已成为全球制造业大国，并正在积极向制造强国转变，"中国制造2025"以工业机器人为突破点，大力发展智能制造装备产业急需大批高素质技能型工业机器人技术专门人才。因此，工业机器人应用人才的培养是我国职业院校的重要任务之一。

工业机器人技术基础主要讲解工业机器人基本知识和基本技能，本书贯彻以就业为导向的办学方针，实现课程对接岗位、教材对接技能的目的，为更好地适应"工学结合、任务驱动模式"的教学要求，基于模块化结构，突出工业机器人技术的基础性、实用性和共用性知识，通过工作任务实施进行教材内容组织，以实现相应知识目标和技能目标。

本书深入贯彻二十大精神，在内容选取上立足于高素质技能型专门人才培养的知识与能力要求，通过对工业机器人认识与了解，学习工业机器人运动控制的数学工具、运动特征、内部结构、感知技术、控制理论、编程基础、轨迹规划等内容，并了解典型工业机器人在工业生产中的实际应用等。

本书由扬州工业职业技术学院杨润贤、湖南理工职业技术学院曾小波主编，扬州工业职业技术学院高杨、徐州工业职业技术学院詹国兵、漯河职业技术学院陈冰副主编，扬州高等职业技术学校刘潇，河南应用职业技术学院孙彩云、郜海超、张绘敏和河北化工医药职业技术学院陈冬参编，其中：模块一由杨润贤、高杨编写，模块二由杨润贤、刘潇编写，模块三由曾小波编写，模块四由詹国兵编写，模块五由陈冰编写，模块六由孙彩云编写，模块七由郜海超编写，模块八由张绘敏编写，模块九由陈冬编写，模块十由杨润贤编写。全书由扬州工业职业技术学院王斌教授主审。

本书在编写过程中得到了南京埃斯顿工业机器人有限公司、天津彼洋机器人系统工程有限公司专家们的大力支持，在此一并表示感谢。

为方便教学，本书配套视频、微课、课件等数字资源，视频、微课等通过扫描书中二维码观看学习，教学课件等可登录化学工业出版社教学资源网 www.cipedu.com.cn 免费下载。

由于编者水平有限，书中难免存在疏漏和不妥之处，恳请广大读者批评指正。

编 者

模块三 工业机器人运动学   44

模块六　工业机器人感知技术　　　　　　　　　　　　　　110

模块九　工业机器人轨迹规划　162

模块十　工业机器人典型应用　175

模块一 工业机器人及其应用

某宅配公司成立于 2004 年，是一家强调依托高科技创新性迅速发展的家居企业。该宅配公司位于佛山的工厂在 2014 年的生产率比原有的工作平台提高了 40%，雇佣的员工减少了 20%。到目前为止，工厂一天能够处理 7000 个订单，产能达到 36 万件/天，年产值约 60 亿元。这家宅配公司的产值如此大，其中的秘密是什么呢？

原来，该宅配公司将几台工业机器人安装到了他们的生产线上。过去，公司生产床、衣柜等定制家具的钻孔环节，是非常痛苦且危险的工作。现在，只要通过机器人将原材料搬运到工厂，再把制成品装入准备出口的集装箱，在员工几乎减半的情况下就可以将生产率提升到原有的四倍。如图 1-0 所示为工业机器人在现场的应用情景。

图 1-0 工业机器人在现场的应用情景

原来工业机器人这么厉害！

接下来，让我们一起来学习工业机器人是如何帮助人类工作的！

 知识目标

1. 了解机器人的起源、近年来机器人的发展情况。

2. 了解不同组织对机器人的定义、分类。

3. 掌握机器人的基本组成及其作用。

4. 掌握机器人主要参数定义：自由度、重复定位精度、工作空间、运动速度、承载能力等。

5. 了解工业机器人的主要应用场合及特点。

技能目标

1. 会观察生活中帮助人类的机器人，了解它们的功能。
2. 会对机器人进行分类。
3. 会分析机器人的各项技术参数。
4. 会通过网络或其他途径了解工业机器人。

任务安排

序号	任务名称	任务主要内容
1	了解机器人的起源与发展	了解机器人的起源 了解国际机器人的发展 了解我国机器人的发展
2	熟悉机器人的定义与分类	熟悉不同国家、不同组织对机器人的定义 熟悉机器人的分类方式
3	熟悉工业机器人的基本组成及参数	熟悉机器人的组成及每一个部分的作用 掌握机器人的技术参数：自由度、定位精度、工作空间、运动速度、承载能力等
4	了解工业机器人的典型应用	了解工业机器人的主要应用场合及特点

任务1　了解机器人的起源与发展

一、任务导入

近年，随着劳动力成本不断上涨，工业领域"机器换人"现象普遍，工业机器人市场与产业也因此逐渐发展起来。工业机器人是机器人中的一部分，它们多用于工业生产。机器人的种类还有很多，如军用机器人、娱乐机器人、家庭机器人、竞赛机器人等。那么，世界上第一台机器人是谁呢？它诞生于哪一年呢？机器人经历了多少年的发展才到现在的程度呢？国内外机器人的发展特点有什么不同呢？

二、机器人的起源

"机器人"一词的最早出现是在 1920 年的一部幻想剧中，捷克斯洛伐克作家卡雷尔·撒佩克创作的 "Rossums Uniersal Robots"（《罗萨姆万能机器人》）。在该剧（见图 1-1）中，机器人被命名为 Robot（罗伯特），其意为"不知疲倦地劳动"。后来，机器人一词频繁地出现在现代人的生活中。

直到 50 多年前，"机器人"才作为专业术语加以引用，然而机器人的概念在人类的想象中却已存在 3000 多年了。早在我国 3000 年前的西周时代（公元前 1046 年—前 771 年），就流传有关巧匠偃师献给周穆王一个艺伎（歌舞机器人）的故事。公元前 3 世纪，古希腊发明家戴达罗斯用青铜为克里特岛国王迈诺斯塑造了一个守卫宝岛的青铜卫士塔罗斯。公元前 2

世纪出现的书籍中，描写过一个具有类似机器人角色的机械化剧院，这些角色能够在宫廷仪式上进行舞蹈和列队表演。我国东汉时期（公元 25—220 年），张衡发明的指南车是世界上最早的机器人雏形，如图 1-2 所示。

图 1-1　《罗萨姆万能机器人》剧照　　　　　　　图 1-2　指南车

进入近代之后，人类关于发明各种机械工具和动力机器，协助以至代替人们从事各种体力劳动的梦想更加强烈。18 世纪发明的蒸汽机开辟了利用机器动力代替人力的新纪元。随着动力机器的发明，人类社会出现了第一次工业和科学革命。各种自动机器、动力机和动力系统的问世，使机器人开始由幻想时期转入自动机械时期，许多机械式控制的机器人，主要是各种精巧的机器人玩具和工艺品，应运而生。

瑞士钟表名匠德罗斯父子 3 人于 1768—1774 年间，设计制造出 3 个像真人一样大小的机器人——写字偶人、绘图偶人和弹风琴偶人（如图 1-3 所示）。它们是由凸轮控制和弹簧驱动的自动机器，至今还作为国宝保存在瑞士纳切特尔市艺术和历史博物馆内。1893 年，加拿大摩尔设计的能行走的机器人"安德罗丁"，是以蒸汽为动力的。这些机器人工艺珍品，标志着人类在机器人从梦想到现实这一漫长道路上，前进了一大步。

图 1-3　罗斯父子制造的 3 个机器人

随着科学技术的发展，针对人类社会对即将问世的机器人的不安，美国著名科学幻想小说家阿西莫夫于 1950 年在他的小说《我是机器人》中，提出了有名的"机器人三守则"：

（1）机器人必须不危害人类，也不允许它眼看人类受害而袖手旁观；

（2）机器人必须绝对服从于人类，除非这种服从有害于人类；

（3）机器人必须保护自身不受伤害，除非为了保护人类或者是人类命令它做出牺牲。

这三条守则，给机器人赋以新的伦理性，并使机器人概念通俗化，更易于为人类社会所接受。至今，它仍为机器人研究人员、设计制造厂家和用户，提供了十分有意义的指导方针。

美国人乔治·德沃尔在 1954 年设计了第一台电子程序可编的工业机器人，并于 1961 年发表了该项机器人专利。1962 年，美国万能自动化（Unimation）公司的第一台机器人 Unimate 在美国通用汽车公司（GM）投入使用，这标志着第一代机器人的诞生。从此，机器人开始成为人类生活中的现实。此后，人类继续以自己的智慧和劳动，谱写机器人历史的新篇章。

三、国际机器人的发展

国际机器人
的发展

工业机器人问世后 10 年，从 20 世纪 60 年代初期到 70 年代初期，机器人技术的发展较为缓慢，许多研究单位和公司所做的努力均未获得成功。这一阶段的主要成果有美国斯坦福国际研究所（SRI）于 1968 年研制的移动式智能机器人夏凯（Shakey）和辛辛那提·米拉克隆（Cincinnati Milacron）公司于 1973 年研制的第一台适用投放市场的机器人 T3 等。

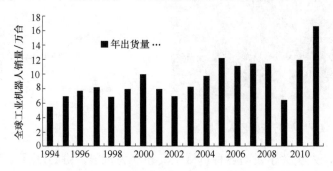

图 1-4　国际机器人发展图

20 世纪 70 年代，机器人的出现与发展为人工智能的发展带来了新的生机，提供了一个很好的实验平台和应用场所，是人工智能可能取得重大进展的潜在领域。随着自动控制理论、电子计算机和航天技术的迅速发展，70 年代中期到 80 年代工业机器人有了更大的发展。在 80 年代中期机器人制造业成为发展最快和最好的经济部门之一。80 年代后期，由于传统工业机器人市场已趋饱和，从而造成工业机器人产品的积压，不少机器人厂家倒闭或被兼并，使国际机器人学的研究和机器人产业出现不景气。直到 90 年代初，机器人产业出现复苏和继续发展迹象。但是，好景不长，1993—1994 年又跌入谷底。全世界工业机器人的数目每年在递增，但市场是波浪式向前发展的。1995 年后，世界机器人数量逐年增加，增长率也较高，机器人以较好的发展势头进入 21 世纪。

进入 21 世纪，工业机器人产业发展速度加快，年增长率达到 30% 左右。其中，亚洲工业机器人增长速度高达 43%，最为突出。2015 年全球销售工业机器人 24.8 万台，同比增长 12%，亚洲地区的工业机器人增长尤其强劲，2015 年，亚洲工业机器人总销量达到 15.6 万台，同比增长 16%，中国销量达到 6.8 万台，同比增长 17%。全球四分之三的销量集中于前五大消费市场，分别是中国、韩国、日本、美国和德国。国际机器人发展图如图 1-4 所示。

四、我国机器人的发展

我国机器人
的发展

目前，机器人产业正在全球范围内加速发展，2017 年的全球工业机器人销量仍然以两位数大幅增长，销量达到 28.5 万台。2015 年全球工业机器人销量同比增长 12%，而全球正在使用的工业机器人已超过 150 万台。专家预测，到 2018 年，这一数字将突破 230 万台，其中，140 万台在亚洲，占比超过一半，中国成为全球最大工业机器人市场。

经过"十二五"时期的快速发展，中国已经成为全球工业机器人重要市场。图 1-5 是我国的机器人发展趋势图，近五年来，我国机器人行业正在跨越式发展。2009—2013 年，中国工业机器人市场销量以年均 60.7%超高速增长。2011 年，中国工业机器人销量达到 22577 台，同比增长 50.7%，在全球排名第四。2013 年中国工业机器人销量达到 36860 台，同比增长 41%。

虽然中国已经成为全球工业机器人最大的市场,但制造业工业机器人密度仍然偏低。2013 年中国的工业机器人密度仅为 30 台/万人,不足世界平均水平的一半,与工业自动化程度较高的韩国（437 台/万人）、日本（323 台/万人）和德国（282 台/万人）相比,差距依然很大,但同时也说明市场需求的潜力巨大。

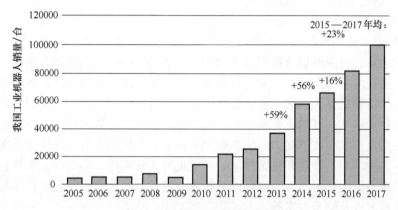

图 1-5　我国的机器人发展趋势

工业机器人在国内的应用以汽车以及电子工业居多,此外还有橡胶塑料、军工、航空制造、食品工业、医药设备、金属制品等领域。从应用行业看,汽车行业依旧是中国工业机器人市场最大的消费行业,电气机械和器材制造业位居第二位,金属制造行业位居第三位。

在中央及地方政府的大力推动下,2016 年中国工业机器人行业得到发展,产量全年保持增长。除了多重利好政策的推动,制造企业转型升级,将工业机器人用来替代人力以提高自身竞争力,工业机器人需求大。

我国的工业机器人正在飞速发展,国内涌现出了大量优秀的机器人生产厂家,它们从事机器人的设计、改进、制作、生产工作,图 1-6 是我国知名品牌埃斯顿自动化有限公司生产的工业机器人。除了工业机器人以外,许多国产企业也在致力于生产农业机器人、家用机器人、医用机器人、服务型机器人、空间机器人、水下机器人、军用机器人、排险救灾机器人、教育教学机器人、娱乐机器人等,图 1-7 是我国塔米智能公司推出的两款服务型机器人,图 1-8 是小米科技有限责任公司推出的智能扫地机器人。

图 1-6　埃斯顿工业机器人　　　图 1-7　塔米智能服务型机器人　　　图 1-8　小米智能扫地机器人

尽管我国机器人产业发展势头良好，但核心技术薄弱、产品附加值低、自主品牌机器人市场份额和品牌知名度不高等问题凸显，各地仓促上马的机器人项目使行业出现产能过剩等问题，产业发展存在多重风险。

在过去 40 多年间，机器人学和机器人技术获得引人注目的发展，具体表现在：

① 机器人产业在全世界迅速发展；

② 机器人的应用范围遍及工业、科技和国防的各个领域；

③ 形成了新的学科——机器人学；

④ 机器人向智能化方向发展；

⑤ 服务机器人成为机器人的新秀而迅速发展。

现在工业上运行的 90%以上的机器人都不具有智能。随着工业机器人数量的快速增长和工业生产的发展，对机器人的工作能力也提出了更高的要求，特别是需要各种具有不同程度的智能机器人和特种机器人。这些智能机器人，有的能够模拟人类用两条腿走路，可在凹凸不平的地面上行走移动；有的具有视觉和触觉功能，能够进行独立操作、自动装配和产品检验；有的具有自主控制和决策能力。这些智能机器人，不仅应用各种反馈传感器，而且还运用人工智能中各种学习、推理和决策技术。智能机器人还应用许多最新的智能技术，比如：临场感技术、虚拟现实技术、人工神经网络技术、遗传算法和遗传编程、仿生技术、多传感器继承和融合技术以及纳米技术等。

任务 2 熟悉机器人的定义与分类

一、任务导入

通过任务 1 的学习，我们了解了许多机器人，从跳舞的艺妓机器人到张衡的指南车，从齿轮和弹簧驱动的简单机器人到投入生产的工业机械手臂等。

机器人（见图 1-9）多种多样，不仅仅是用途多样、驱动方式多样，还有智能化程度不同、控制方式不同等。那么，如何定义机器人？如何定义工业机器人？机器人如何分类？工业机器人到底是在什么情况下帮助人们工作呢？

二、机器人的定义

机器人的定义

至今为止，国际上还没有机器人的统一定义。如果要给机器人下一个合适的并为人们普遍接受的定义是困难的。专家们会采用不同的方法来定义这个术语。为了规定技术、开发机器人新的工作能力和比较不同国家和公司的成果，就需要对机器人这一术语有某些共同的理解。现在，世界上对机器人还没有统一的定义，但是各国有自己的定义。

关于机器人的定义，国际上主要有如下几种。

① 英国简明牛津字典的定义。机器人是"貌似人的自动机，具有智力的和顺从于人的但不具人格的机器"。这一定义并不完全正确，因为还不存在与人类相似的机器人在运行。这是一种理想的机器人。

② 美国机器人协会（RIA）的定义。机器人是"一种用于移动各种材料、零件、工具或专用装置的，通过可编程序动作来执行种种任务的，并具有编程能力的多功能机械手（manipulator）"。尽管这一定义较实用些，但并不全面。这里指的是工业机器人。

图 1-9　机器人示意图

③ 日本工业机器人协会（JIRA）的定义。工业机器人是"一种装备有记忆装置和末端执行器（end effecter）的，能够转动并通过自动完成各种移动来代替人类劳动的通用机器"。或者分为两种情况来定义：

a. 工业机器人是"一种能够执行与人的上肢类似动作的多功能机器"。

b. 智能机器人是"一种具有感觉和识别能力，并能够控制自身行为的机器"。

前一定义是工业机器人的一个较为广义的定义。后一种则分别对工业机器人和智能机器人进行定义。

④ 美国国家标准局（NBS）的定义。机器人是"一种能够进行编程并在自动控制下执行某些操作和移动作业任务的机械装置"。这也是一种比较广义的工业机器人定义。

⑤ 国际标准组织（ISO）的定义。"机器人是一种自动的、位置可控的、具有编程能力的多功能机械手，这种机械手具有几个轴，能够借助于可编程序操作来处理各种材料、零件、工具和专用装置，以执行种种任务"。显然，这一定义与美国机器人协会的定义相似。

⑥ 关于我国机器人的定义。随着机器人技术的发展，我国也面临讨论和制订关于机器人技术的各项标准问题，其中包括对机器人的定义。我们可以参考各国的定义，结合我国情况，对机器人作出统一的定义。

《中国大百科全书》对机器人的定义为：能灵活地完成特定的操作和运动任务，并可再编程序的多功能操作器。而对机械手的定义为：一种模拟人手操作的自动机械，它可按固定程序抓取、搬运物件或操持工具完成某些特定操作。

我国科学家对机器人的定义是："机器人是一种自动化的机器，具备一些与人或生物相似的智能能力，如感知能力、规划能力、动作能力和协同能力，是一种具有高度灵活性的自动化机器。"

图 1-10　救援机器人

但是，机器人的应用广泛、结构多样、功能多样，所以我们并不能给出一个统一的定义。如图 1-10 中的救援机器人和图 1-6 中的工业机器人有非常大的区别，我们暂时无法给出完整的机器人定义。

上述各种定义有共同之处，国内外的专家都认为机器人具有以下的特征：

① 像人或人的上肢，并能模仿人的动作；

② 具有智力或感觉与识别能力；

③ 是人造的机器或机械电子装置。

机器人的范畴不但要包括"由人类制造的像人一样的机器"，还应包括"由人类制造的生物"，甚至包括"人造人"，尽管我们不赞成制造这种"人"。随着机器人的进化和机器人智能的发展，这些定义都有修改的必要，甚至需要对机器人重新定义。

机器人的分类

三、机器人的分类

机器人的分类方法很多。这里首先介绍几种分类法，即按机械手的几何结构、机器人的控制方式、驱动方式、机器人的智能程度、机器人的用途、机器人移动性分类。

1. 按机械手的几何结构分类

机械手的机械配置形式多种多样，最常见的是用其坐标特性来描述的。这些坐标结构包括笛卡儿坐标结构、柱面坐标结构、极坐标结构、球面坐标结构和关节式球面坐标结构等。

（1）柱面坐标机器人　柱面坐标机器人主要由垂直柱子、水平手臂（或机械手）和底座构成，如图 1-11 所示。水平机械手装在垂直柱子上，能自由伸缩，并可沿垂直柱子上下运动。垂直柱子安装在底座上，并与水平机械手一起（作为一个部件）能在底座上移动。因此，这种机器人的工作区间就形成一段圆柱面，并被称为柱面坐标机器人，如图 1-12 所示。

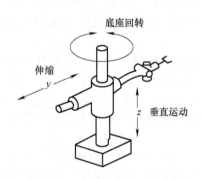

图 1-11　柱面坐标机器人（一）　　　　图 1-12　柱面坐标机器人（二）

（2）球面坐标机器人　它像坦克炮塔一样。机械手能够作里外伸缩移动、在垂直平面上摆动以及绕底座在水平面上转动。因此，这种机器人的工作包迹形成球面的一部分，并被称为球面坐标机器人。如图 1-13、图 1-14 所示。

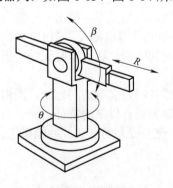

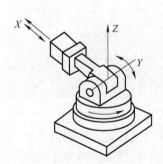

图 1-13　球面坐标机器人（一）　　　　图 1-14　球面坐标机器人（二）

（3）关节式球面坐标机器人　这种机器人主要由底座（或躯干）、上臂和前臂构成。上臂和前臂可在通过底座的垂直平面上运动，如图 1-15 所示。在前臂和上臂间，机械手有个肘关节；而在上臂和底座间，有个肩关节。在水平平面上的旋转运动，既可由肩关节进行也可以由底座旋转来实现。这种机器人的工作包迹形成球面的大部分，称为关节式球面坐标机器人。如图 1-16 所示。

图 1-15　关节式球面坐标机器人（一）

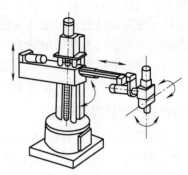
图 1-16　关节式球面坐标机器人（二）

2. 按机器人的控制方式分类

按照控制方式可把机器人分为非伺服机器人和伺服控制机器人两种。

（1）非伺服机器人（non-servo robots）　非伺服机器人工作能力比较有限，它们往往涉及那些叫做"终点"、"抓放"或"开关"式机器人，尤其是"有限顺序"机器人。

这种机器人按照预先编好的程序顺序进行工作，使用终端限位开关、制动器、插销板和定序器来控制机器人机械手的运动，如图 1-17 所示。

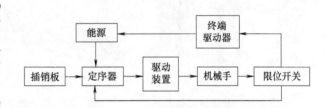
图 1-17　非伺服机器人方块图

（2）伺服控制机器人（servocontrolled robots）　伺服控制机器人比非伺服机器人有更强的工作能力，因而价格较贵，而且在某些情况下不如简单的机器人可靠，伺服系统的被控制量（即输出）可为机器人端部执行装置（或工具）的位置、速度、加速度和力等，通过反馈传感器取得的反馈信号与来自给定装置（如给定电位器）的综合信号，用比较器加以比较后，得到误差信号，经过放大后用以激发机器人的驱动装置，进而带动末端执行装置以一定规律运动，到达规定的位置或速度等。如图 1-18 所示。

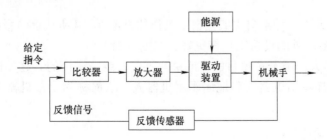
图 1-18　伺服控制机器人方块图

3. 按驱动方式分类

根据能量转换方式的不同，工业机器人驱动类型可以分为气压驱动、液压驱动、电力驱动和新型驱动四种类型。

气压驱动：气压驱动机器人是以压缩空气来驱动执行机构的。

液压驱动：液压驱动是使用液体油液来驱动执行机构的。

电力驱动：电力驱动是利用电动机产生的力矩驱动执行机构的。

新型驱动：伴随着机器人技术大发展，出现了利用新的工作原理制造的新型驱动器，如电驱动器、压电驱动器、形状记忆核心驱动器、人工肌肉及光驱动器等。

4. 按机器人的智能程度分类

（1）一般机器人　不具有智能，只具有一般编程能力和操作功能。如图1-19所示。

（2）智能机器人（图1-20、图1-21）　具有不同程度的智能，又可分为以下三种。

① 传感型机器人　具有利用传感信息（包括视觉、听觉、触觉、接近觉、力觉和红外、超声及激光等）进行传感信息处理，实现控制与操作。

图1-19　非智能机器人　　　　图1-20　智能机器人（一）　　　　图1-21　智能机器人（二）

② 交互型机器人　机器人通过计算机系统与操作员或程序员进行人-机对话，实现对机器人的控制与操作。

③ 自主型机器人　在设计制作之后，机器人无需人的干预，能够在各种环境下自动完成各项拟人任务。

5. 按机器人的用途分类

（1）工业机器人或产业机器人　主要应用在制造业，进行焊接、喷漆、装配、搬运、检验、农产品加工等作业。如图1-22所示。

（2）探索机器人　用于进行太空和海洋探索，也可用于地面和地下的探险与探索。如图1-23所示。

（3）服务机器人　一种半自主或全自主工作的机器人，其所从事的服务工作可使人类生存得更好，使制造业以外的设备工作得更好。如图1-24所示。

（4）军事机器人　用于军事目的，或进攻性的，或防御性的。这类机器人又可分为空中军用机器人、海洋军用机器人和地面军用机器人，或简称为空军机器人、海军机器人和陆军机器人。

6. 按机器人移动性分类

（1）固定机器人　固定在某个底座上，整台机器人（或机械手）不能移动，只能移动各个关节。

图 1-22 工业机器人

图 1-23 探索机器人

图 1-24 服务机器人

（2）移动机器人 整个机器人可沿某个方向或任意方向移动。这种机器人又可分为轮式机器人、履带式机器人和步行机器人，其中后者又有单足、双足、四足、六足和八足行走机器人之分。

除此以外，按照机器人的移动性也可以将机器人分为以下几种。

机械手或操作机：模仿人的上肢。

轮式移动机器人（见图 1-25）：模仿车辆移动。

步行机器人（见图 1-26）：模仿人的下肢。

水下机器人（见图 1-27）：工作在水下。

飞行机器人（见图 1-28）：飞行在空中。

图 1-25 轮式移动机器人　图 1-26 步行机器人　　图 1-27 水下机器人　　图 1-28 飞行机器人

任务 3　熟悉工业机器人的基本组成及参数

一、任务导入

在本书中，主要介绍工业机器人的相关知识，对于其他种类的机器人，不做详细分析和学习。

工业机器人是面向工业领域的多关节机械手或多自由度的机器人。工业机器人分为很多种，如移动机器人（AGV）、喷涂机器人、搬运机器人、点焊机器人、弧焊机器人等等。这些机器人，工作环境不一样，工作方式不一样，工作时间也不一样，但是它们也有一些共同点。无论机器人的工作是什么，它们的基本组成是一样的，需要研究的参数也是一样的。那么，工业机器人由哪些部分组成？它们所需要研究的参数又有哪些？

二、机器人的基本组成

工业机器人，功能不同，其结构、外形都不相同。但是，大部分工业机器人的基本组成是一样的。

工业机器人是一种模拟手臂、手腕和手的功能的机电一体化装置。一台通用的工业机器人从体系结构来看，可以分为三大部分：机器人本体、控制器与控制系统以及示教器。如图1-29、图 1-30 所示。

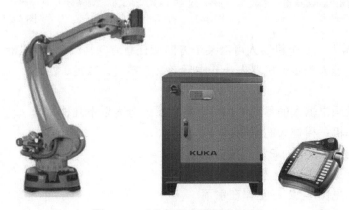

图 1-29　工业机器人的组成（一）

1. 机器人本体

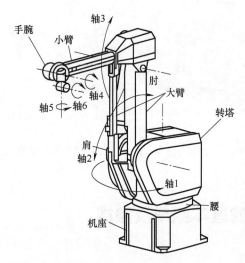

图 1-30　工业机器人的组成（二）

机器人本体是工业机器人的工作主体，是完成各种作业的执行机构，一般包括相互连接的机械臂、驱动与传动装置以及各种内外部传感器。

（1）机械臂　大部分工业机器人为关节型机器人，关节型机器人的机械臂是由若干个机械关节连接在一起的集合体。常用的六关节工业机器人，是由机座、腰部关节、大臂关节、肘部关节、小臂关节、腕部关节和手部关节构成，这些部分构成了机器人的外部结构和机械结构。机座是机器人的承重部分，其内部安装有机器人的执行机构和驱动装置；腰部是机器人机座和大臂的中间连接部分，工作时腰部可以通过关节在机座上转动；大臂和小臂组成了臂部，大小臂都可以通过关节在基座上转动，实现移动或转动；手腕包括手部和腕部，是连接小臂和末端执行器的部分，主要用于改变末端执行器的空间位置。

（2）驱动与传动装置（见图 1-31）　工业机器人在运动时，每个关节的运动都是通过驱动装置和传动机构实现的。驱动装置是向机器人各机械臂提供动力和运动的装置。不同的机器人，驱动采用的动力源不同，驱动系统的传动方式也不同。驱动系统的传动方式主要有四种：液压式、气压式、电力式和机械式。电力驱动是现在工业上用得最多的一种，因为电源取用方便、反应灵敏、驱动力大，而且监控方便，控制方式灵活。驱动机器人所用的电机一般为步进电动机或伺服电动机，目前也有部分机器人使用力矩电动机，但是成本较高，操作也复杂。

（3）传感器（见图 1-32）　传感器是用来检测作业对象及外界环境的，在工业机器人上安装了各类传感器，如触觉传感器、视觉传感器、力觉传感器、接近觉传感器、超声波传感器和听觉传感器等。这些传感器可以帮助机器人的工作，可以大大改善机器人的工作状况和工作质量，使它们能够高效地完成复杂的任务。

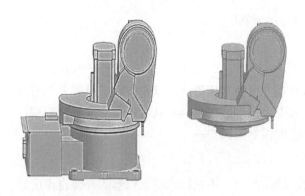

图 1-31　驱动与传动装置

图 1-32　传感器

2. 控制器与控制系统

控制器是工业机器人的神经中枢，或控制中心，由计算机硬件、软件和一些专用电路、控制器、驱动器等构成（见图 1-33）。控制器主要用来处理机器人工作的全部信息，它根据工程师编写的指令以及传感器得到的信息来控制机器人本体完成一定的动作。

为实现对机器人的控制，不仅仅依靠计算机硬件系统，还必须有相应的软件控制系统。目前，世界各大机器人公司都有自己完善的软件控制系统。有了软件控制系统的支持，可以更方便地建立、编辑机器人控制程序。

图 1-33　工业机器人和控制器

3. 示教器

示教器是人机交互的一个接口，也称示教盒或示教编程器，主要是由液晶屏和可触摸操作按键组成，如图 1-34 所示。控制者在操作时只需要手持示教器，通过按键将信号传送入控制柜的存储器中，实现对机器人的控制。示教器是机器人控制系统的重要组成部分，操作者可以通过示教器进行手动示教，控制机器人达到不同的位姿，并记录各个位姿点坐标；同时，也可以利用机器人语言进行在线编程，实现程序回放，让机器人可以按照编写好的程序完成指定的动作。

示教器上设有用于对机器人进行示教和编程所需的操作按键和按钮。一般情况下，不同厂家所设计的示教器外观各不相同，但是示教器中都包含中央的液晶显示区、功能按键区、急停按钮和出入线端口。

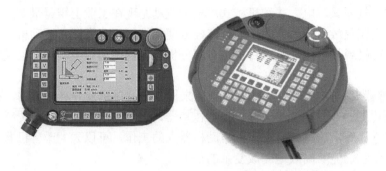

图 1-34　机器人示教器

三、机器人的技术参数

现在已经出现的工业机器人，在功能和外观上虽然有所不同，但是所有的机器人都有其适用的作业范围和要求。目前，工业机器人的主要技术参数有以下几种：自由度、分辨率、定位精度和重复定位精度、作业范围、运动速度和承载能力。

1. 自由度

自由度是指机器人所具有的独立坐标轴运动的数目，不包括末端执行器的开合自由度。一般情况下，机器人的一个自由度对应一个关节，所以自由度与关节的概念是等同的。自由度是表示机器人动作灵活程度的参数，自由度越多，机器人越灵活，但结构也越复杂、控制难度也就越大，所以机器人的自由度要根据其用途设计，一般为 3～6 个，如图 1-35 所示。

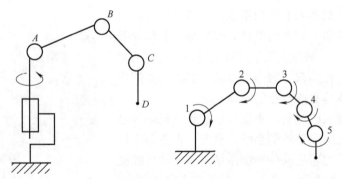

图 1-35　自由度示意图

2. 分辨率

机器人的分辨率与现实常用的分辨率概念有一些不同，机器人的分辨率是指每一个关节所能实现的最小移动距离或最小转动角度。工业机器人的分辨率分为编程分辨率和控制分辨率两种。

编程分辨率是指控制程序中可以设定的最小距离，又称为基准分辨率。例如：当机器人的关节电动机转动 0.1°，机器人关节端点移动直线距离为 0.01mm，其基准分辨率便为 0.01mm。

控制分辨率是系统位置反馈回路所能检测到的最小位移，即与机器人关节电动机同轴安装的编码盘发出单个脉冲时电动机所转过的角度。

3. 定位精度和重复定位精度

定位精度和重复定位精度是机器人的两种精度指标。定位精度是指机器人末端执行器的实际位置与目标位置之间的偏差，由机械误差、控制算法与系统分辨率等部分组成。典型的工业机器人定位精度一般在±（0.02～5）mm 范围。

重复定位精度用来评估机器人在同一环境、同一条件、同一目标动作、同一命令之下，连续运动多次时，其动作的精准度。常用重复定位精度这一指标作为衡量工业机器人示教-再现精度水平的重要指标。

4. 作业范围

作业范围是机器人运动时手柄末端或手腕中心所能达到的位置范围，也称为机器人的工作区域，如图 1-36 所示。机器人作业时，由于末端执行器的形状和尺寸是跟随作业需求配置的，所以为真实反应机器人的特征参数，机器人的作业范围是指不安装末端执行器时的工作区域。作业范围的大小不仅

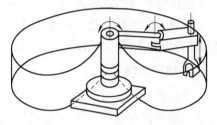

图 1-36 机器人作业范围示意图

与机器人的连杆尺寸有关，而且与机器人的总体结构形式有关。

作业范围的形状和大小是十分重要的，机器人在执行动作时可能会因存在手部不能达到指定位置导致任务不能完成。因此，在选择机器人完成任务时，一定要合理选择符合当前作业范围的机器人。

5. 运动速度

运动速度可以影响机器人的工作效率和运动周期。运动速度越高，机器人所承受的动载荷越大，所受的惯性力也越大，从而会影响机器人的工作平稳性和位置精度。所以，机器人所提取的重力和位置精度均有密切的关系。就目前的科技水平而言，通用机器人的最大直线运动速度大多在 1000mm/s 以下，最大回转速度不超过 120°/s。

6. 承载能力

承载能力是指机器人在作业范围内的任何位姿上所能承受的最大重量。承载能力不仅取决于负载的重量，也与机器人的运行速度、加速度的大小和方向有关。根据承载能力不同机器人可以大致分为：微型机器人（承载能力 1N 以下）、小型机器人（承载能力不超过 10^5N）、重型机器人（承载能力为 10^5～10^6N）、大型机器人（承载能力为 10^6～10^7N）、重型机器人（承载能力为 10^7N 以上）。

任务 4 了解工业机器人的典型应用

一、任务导入

通过前述任务的学习，我们已经掌握了工业机器人的组成和参数，了解了工业机器人的工作方法。接下来，主要学习工业机器人在现实生活中的应用。通过图书、报纸、网络或是

实践使用，在生产中有多少种工业机器人呢？有怎样的特点？工作在什么样的环境里？

二、工业机器人的典型应用

机器人在发展的过程中，已经出现了很多有着人类特征和行为的智能化类人机器人。比如，一种吸尘器机器人 Roomba，它可以在一定的区域自动随机运动并且吸附灰尘，甚至能自己找到插座充电；日本本田技研工业株式会社研制的仿人机器人 ASIMO（阿西莫）可以走路、跑步及上下楼梯，并可以和人类交流等。除了这一些类人机器人，其他仿生机器人如仿昆虫或鱼等动物的机器人应用也非常普遍。

机器人在现代工业上的应用更加普及，就工业机器人这一领域来划分，可以分为焊接、搬运、装配、码垛、喷涂等类型机器人。

1. 焊接机器人

焊接机器人（见图 1-37）是从事焊接作业的工业机器人，焊接机器人常用于汽车制造领域，是应用最为广泛的工业机器人之一。目前，焊接机器人的使用量约占全部机器人总量的 30%。

焊接机器人又可以分为点焊机器人和弧焊机器人。从 20 世纪 60 年代开始，焊接机器人焊接技术日益成熟，在长期使用过程中，主要体现了以下优点：

图 1-37　焊接机器人

① 可以稳定地提高焊件的焊接质量。
② 提高企业的劳动生产率。
③ 改善了工人的劳动强度，可替代人类在恶劣环境下工作。
④ 降低了工人操作技术的要求。
⑤ 缩短了产品改型换代的准备周期，减少了设备投资。

2. 搬运机器人

搬运机器人（见图 1-38）是可以进行自动搬运作业的工业机器人。最早的搬运机器人是 1960 年美国设计的 Versatran 和 Unimate。搬运时机器人末端夹具设备握持工件，将工件从一个加工位置移动到另一个加工位置。目前世界上使用的搬运机器人超过 10 万台，广泛应用于机床上下料、压力机自动化生产线、自动装配流水线、码垛搬运、集装箱搬运等场合。

搬运机器人又可以分为用于移动的搬运小车（AGV），用于码垛的码垛机器人，用于分解的分解机器人，用于机床上下料的上下料机器人等。其主要作用就是实现产品、物料或工具的搬运，主要优点如下：

① 提高生产率，一天可以 24h 无间断工作。

② 改善工人劳动条件，可在无害环境下工作。

③ 降低工人劳动强度，减少人工成本。

④ 缩短了产品改型换代的准备周期，减少相应的设备投资。

⑤ 可实现工厂自动化、无人化生产。

3. 装配机器人

装配机器人（见图 1-39）是专门为装配而设计的机器人。常用的装配机器人主要完成生产线上一些零件的装配或拆卸工作。从结构上分，主要有 PUMA 机器人（可编程通用装配操作手）和 SCARA 机器人（水平多关节机器人）两种类型。

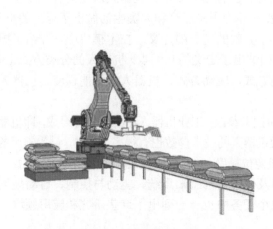

图 1-38　搬运机器人　　　　　　　　　　图 1-39　装配机器人

PUMA 机器人是美国 Unimation 公司于 1977 年研制的由计算机控制的多关节装配机器人。它一般有 5～6 个自由度，可以实现腰、肩、肘的回转和手腕的弯曲、旋转和扭转等功能。

SCARA 机器人是一种特殊的柱面坐标工业机器人，它有三个旋转关节，其轴面相互平行，在平面内进行定位和定向，另一个关节是移动关节，用于完成末端件在垂直方向上的运动。与一般的工业机器人相比，装配机器人具有精度高、柔韧性好、工作空间小、能与其他应用系统配套实用等特点。在工业生产中使用装配机器人可以保证产品质量，降低成本，提高生产自动化水平。

4. 喷涂机器人

喷涂机器人（见图 1-40）是可以自动喷涂或者喷涂其他涂料的工业机器人，1969 年由挪威 Trallfa 公司发明。喷涂机器人主要由机器人本体、计算机和相应的控制系统组成。

图 1-40　喷涂机器人

液压驱动的喷涂机器人还包括液压传动装置，如油泵、油箱和电动机等。喷涂机器人多采用五自由度或六自由度关节式结构，手臂有较大的工作空间，并可做复杂的轨迹运动。其腕部有 2～3 个自由度，可灵活运动。较先进的喷涂机器人腕部采用柔韧手腕，既可向各个方向弯曲，又可转动，其动作类似人的手腕，能够通过较小的孔伸入工件内部，喷涂其内表面。

喷涂机器人的优点有柔性大，工作空间大；可提高喷涂质量和材料利用率；易于操作和维护；设备利用率高等。

模 块 小 结

本模块首先讨论了机器人的起源与发展。人类对机器人的幻想与追求已有 3000 多年的历史了，而第一台工业机器人的投产到现在为止已有 50 多年。机器人从无到有，到现在的"百万大军"，已经成为人类社会的一个现实，并为国民经济和人类生活做出了巨大的贡献。

至今为止，世界上对于机器人还没有一个完整的统一的定义。在本模块中，介绍了国际上不同的机构对于机器人的几种定义，并且归纳出了定义的共同点。机器人的分类方式很多，主要按照机械手的几何结构、机器人的控制方式、驱动方式、机器人的智能程度、机器人的用途、机器人移动性等进行分类。

本模块还介绍了工业机器人的基本组成和技术参数。工业机器人由三大部分组成，即机器人本体、控制器与控制系统以及示教器。而工业机器人的技术参数也有很多，其中，最为常用的有以下几种：自由度、分辨率、定位精度和重复定位精度、作业范围、运动速度和承载能力。

机器人学有着十分广阔的研究领域，涉及传感器与感知系统、驱动与控制、自动规划、计算机系统以及应用研究等。本模块最后一个任务中也一一列出了这些研究和应用领域。

习 题

1. 我国机器人技术的发展有何特点？
2. 尝试给"机器人"下一个定义。
3. 简述什么是工业机器人。
4. 机器人常用的分类方法有哪些？还有别的分类方式吗？
5. 按照机器人的用途分类，有哪些类型，请分别举出例子。
6. 工业机器人的三大组成部分是什么？
7. 在机器人中，分辨率的定义是什么？什么是编程分辨率与控制分辨率？
8. 工业机器人的控制器主要功能有哪些？
9. 什么是"机器人三守则"？其重要意义是什么？

模块二 工业机器人数学基础

《中国最牛机器人工厂：10 个工人+386 台机器人，每天 80 辆凯迪拉克》这篇文章于 2017 年一月份登在了搜狐网页上。上海通用陆家嘴工厂号称中国最先进的制造业工厂、中国智造的典范，即使从全球来看，这个水平的工厂也不超过 5 家。它是上汽通用首个实现 100% 焊接自动化的标杆车间，共有机器人 386 台。机器人：造车，我"包"了。不过，偌大的车间内，真正领工资的工人只有 10 多位。他们管理着 386 台机器人，每天与机器人合作生产 80 台凯迪拉克。

在生产工厂中，有"人"举起一吨重的车身，有"人"为车身打孔，还有"人"负责焊接，在几秒钟的电光火石之间，几十台机器人合作，一道工序已经完成，成品随着流水线进入下一个工作区，等待下一组机器人上场。在机器人工厂内，各个工作区内都能看见如此热火朝天的工作场面。图 2-0 所示为汽车工程自动化车间。

图 2-0　汽车工程自动化车间

在现代工厂中，许多工业机器人帮助人类实现大量的工作，如搬运、分类、喷涂等。工业机器人大多是会"移动"、"旋转"等操作。在研究这些操作时，我们可以借用数学工具。

接下来，让我们一起来学习工业机器人的数学基础知识！

知识目标

1. 了解矩阵的基本理论（零矩阵、方阵、对称矩阵等）。
2. 掌握矩阵的基本运算（矩阵的相等、加法、乘法等）。

3. 掌握机器人的位置描述和姿态描述（位置描述、姿态描述、位姿描述等）。

4. 掌握坐标系变化相关知识（坐标变换、平移坐标变换、旋转坐标变换、齐次坐标变换、齐次坐标平移变化、旋转齐次坐标变化）。

技能目标

1. 学会分析、计算各类矩阵。
2. 学会使用矩阵来描述机器人的位姿。
3. 学会使用坐标系来描述机器人的位姿。
4. 学会灵活计算坐标系的各类变换。

任务安排

序号	任务名称	任务主要内容
1	矩阵及其运算	了解矩阵的基本理论（零矩阵、方阵、对称矩阵等） 掌握矩阵的运算（矩阵的相等、加法、乘法等）
2	位置与姿态描述	掌握机器人的位置描述 掌握机器人的姿态描述 掌握机器人的位姿描述
3	坐标变换	掌握坐标系的坐标变换 掌握坐标系平移坐标变换 掌握坐标系旋转坐标变换 掌握坐标系齐次坐标变换 掌握坐标系齐次坐标平移变换 掌握坐标系旋转齐次坐标变换

任务1   矩阵及其运算

一、任务导入

在模块一中，讨论机器人系统的基本组成时曾提出，机械手是机器人系统的机械运动部分。作为自动化工具的机械手，它需要一种用于描述单一刚体位移、速度和加速度以及动力学问题的有效而又便捷的数学方法。能够达到这个要求的方法很多，本书将采用矩阵法来描述机器人机械手的运动学和动力学问题，能够将运动、变换和映射与矩阵运算结合起来。

二、矩阵的基本理论

在描述工业机器人位姿及其关系时，利用矩阵表达式远比其他形式简洁直观，而且矩阵运算的规范性更适用于计算机编程。所以本书中的许多关系式将采用矩阵式表达，本任务对有关矩阵的一些概念作简要的介绍，并对一些符号进行统一的规范。

矩阵的定义

1. 矩阵的定义

矩阵不仅可以用来表示点、向量、坐标系、平移、旋转及变换，还可以表示坐标系中的物体和其他运动部件。工业机器人的许多概念与表达式涉及几何向量，特别是矩阵及其运算。工业机器人通常是一个非常复杂的系统，为准确、清楚地描述工业机器人位姿关系、运动学和动力学方程，需要通过矩阵及其运算、坐标系与向量、坐标变换、矩阵微分等数学理论基础来计算或描述。

将 $m \times n$ 个标量 A_{ij}（$i=1$，2，$\ldots$，m；$j=1$，2，$\ldots$，n）排列成如下的 m 行、n 列的形式，将其定义为 $m \times n$ 阶（维）矩阵，用一个黑斜体的大写字母来表示，即

$$A = (A_{ij})_{m \times n} = \begin{bmatrix} A_{11} & A_{12} & \cdots & A_{1n} \\ A_{21} & A_{22} & \cdots & A_{2n} \\ \vdots & \vdots & & \vdots \\ A_{m1} & A_{m2} & \cdots & A_{mn} \end{bmatrix} \tag{2-1}$$

在式（2-1）中，A_{ij} 为矩阵中 A 的第 i 行、第 j 列元素，且 A_{ij} 可以为实数、复数。

将矩阵中 A 的第 i 行变为第 j 列，可得到 $m \times n$ 阶新矩阵，称其为原矩阵 A 的转置矩阵，记为 A^{T}。例如 3×5 阶矩阵

$$A = \begin{bmatrix} 1 & 3 & 2 & 4 & 5 \\ 2 & 4 & 3 & 6 & 3 \\ 4 & 1 & 4 & 2 & 6 \end{bmatrix}$$

该矩阵的转置矩阵为 5×3 阶矩阵，即

$$A^{\mathrm{T}} = \begin{bmatrix} 1 & 2 & 4 \\ 3 & 4 & 1 \\ 2 & 3 & 4 \\ 4 & 6 & 2 \\ 5 & 3 & 6 \end{bmatrix}$$

例 2-1 已知 $A = \begin{bmatrix} 0 & 4 & 1 & 3 \\ 4 & 1 & 1 & 2 \end{bmatrix}$，求 A^{T}。

解：原矩阵 $A = \begin{bmatrix} 0 & 4 & 1 & 3 \\ 4 & 1 & 1 & 2 \end{bmatrix}$ 为一个 2×4 的矩阵，则其转置矩阵应该是一个 4×2 的矩阵。

$$A^{\mathrm{T}} = \begin{bmatrix} 0 & 4 \\ 4 & 1 \\ 1 & 1 \\ 3 & 2 \end{bmatrix}$$

所有元素都为零的矩阵为**零矩阵**，记为 **0**，但不同阶数的零矩阵是不相等的。行数与列数均相等的矩阵称为 n 阶**方阵**。

如果对于 n 阶方阵 A，其元素满足 $A_{ij}=A_{ji}$（i，$j=1$，$\ldots$，n），即

$$A = A^{\mathrm{T}}$$

则称方阵 A 为**对称矩阵**。

如果 $A_{ij}=-A_{ji}$（i，$j=1$，$\ldots$，n），即

$$A = -A^{\mathrm{T}}$$

则称方阵 A 为**反对称矩阵**。显然，反对称矩阵中最特别的是

$$A_{ij}=0\ (i,\ j=1,\ \dots,\ n)$$

除对角元素（至少有一为非零）外，所有元素均为零的方阵称为**对角阵**，n 阶对角阵可写成：

$$A=\begin{bmatrix} A_{11} & 0 & \cdots & 0 \\ 0 & A_{22} & \cdots & 0 \\ \vdots & \vdots & & \vdots \\ 0 & 0 & \cdots & A_{mn} \end{bmatrix} \overset{\mathrm{def}}{=} \mathrm{diag}\,(A_{11}\quad A_{22}\quad \cdots \quad A_{nn}) \tag{2-2}$$

对角元素均为 1 的 n 阶对角阵称为 **n 阶单位阵**，记为 I_n 或简写为 I。对角阵的对角元素的和称为该矩阵的**迹**，记为：

$$\mathrm{tr}A=\sum_{i=1}^{n} A_{ii} \tag{2-3}$$

将矩阵的定义加以推广，矩阵 A 的元素可以不是标量 A_{ij} 而是矩阵 A_{ij}，即

$$A \overset{\mathrm{def}}{=} (A_{ij})_{m\times n} \overset{\mathrm{def}}{=} \begin{bmatrix} A_{11} & A_{12} & \cdots & A_{1n} \\ A_{21} & A_{22} & \cdots & A_{2n} \\ \vdots & \vdots & & \vdots \\ A_{m1} & A_{m2} & \cdots & A_{mn} \end{bmatrix} \tag{2-4}$$

式中，第 i 行（$i=1, 2, \dots, m$）各矩阵元素 A_{i1}, A_{i2}, $\dots$, A_{in} 的行阶相等；第 j 列（$j=1, 2, \dots, m$）各矩阵元素 A_{1j}, A_{2j}, $\dots$, A_{mj} 的列阶相等，称矩阵元素 A_{ij} 为矩阵 A 的**分块阵**。

如 3×5 矩阵 $A=\begin{bmatrix} 1 & 3 & 2 & 4 & 5 \\ 2 & 4 & 3 & 6 & 3 \\ 4 & 1 & 4 & 2 & 6 \end{bmatrix}$

可由四个分块阵表示，可以分为四个矩阵元素：

$$A=\begin{bmatrix} A_{11} & A_{12} \\ A_{21} & A_{22} \end{bmatrix}$$

其中

$$A_{11}=\begin{bmatrix} 1 & 3 \\ 2 & 4 \end{bmatrix},\quad A_{12}=\begin{bmatrix} 2 & 4 & 5 \\ 3 & 6 & 3 \end{bmatrix},\quad A_{21}=[4\ \ 1],\quad A_{22}=[4\ \ 2\ \ 6]$$

行数与列数均分别相等的两个或多个矩阵，称为**同型矩阵**。

2. 其他矩阵

方阵是十分重要的一类矩阵。由 n 阶方阵 A 的元素按原相对位置不变所构成的行列式称为方阵 A 的行列式，记为 $|A|$ 或 $\det A$。

设 A 为 n 阶方阵，如果 $|A|\neq0$，则称 A 为**非奇异矩阵**；如果 $|A|=0$，则称为**奇异矩阵**。

设 A 为 n 阶方阵，由 $|A|$ 的各个元素的代数余子式所构成的方阵 A 的伴随阵 A^*，它有以下性质：

$$AA^*=A^*A=|A|I \tag{2-5}$$

在矩阵的运算中，单位阵 I 相当于数的乘法运算中的 1。对于矩阵 A，如果存在一个矩阵 A^{-1}，满足式（2-6），则矩阵 A^{-1} 称为 A 的可逆矩阵或逆阵。

$$AA^{-1}=A^{-1}A=I \tag{2-6}$$

当方阵 $|A| \neq 0$ 时，有

$$A^{-1}=\frac{1}{|A|}A^* \tag{2-7}$$

对于非奇异矩阵存在一个逆矩阵，记为 A^{-1}，使得

$$AA^{-1}=A^{-1}A=I \tag{2-8}$$

可证明以下等式成立：

$$(A^{-1})^{\mathrm{T}}=(A^{\mathrm{T}})^{-1} \tag{2-9}$$

$$(AB^{-1})^{\mathrm{T}}=B^{-1}A^{-1} \tag{2-10}$$

满足如下等式的非奇异矩阵 A 称为正交阵

$$A^{-1}=A^{\mathrm{T}} \tag{2-11}$$

对于正交阵有

$$AA^{-1}=A^{-1}A=I \tag{2-12}$$

三、矩阵的运算

1. 矩阵的相等

两个同阶的矩阵 A 与 B 中如果所有的下标 i 与 j 的元素相等，即有 $A_{ij}=B_{ij}$（$i=1, \ldots, m$；$j=1, \ldots, n$），则称这两个矩阵相等，记为

$$A=B \tag{2-13}$$

矩阵的运算

2. 矩阵的数乘

一个标量 a 与一矩阵 A 的乘积为一同阶的新矩阵 C，记为

$$C=aA \tag{2-14}$$

其中，各元素的关系是

$$C_{ij}=aA_{ij}（i=1, \ldots, m；j=1, \ldots, n） \tag{2-15}$$

3. 矩阵的相加减

同阶矩阵 A 与 B 的和为一同阶的新矩阵 C，记为

$$C=A+B \tag{2-16}$$

其中，各元素的关系是

$$C_{ij}=A_{ij}+B_{ij}（i=1, \ldots, m；j=1, \ldots, n） \tag{2-17}$$

不难验证，同阶矩阵的和运算遵循结合律与交换律，即

$$A+B+C=(A+B)+C=A+(B+C) \tag{2-18}$$

$$A+B=B+A \tag{2-19}$$

且有

$$(A+B)^{\mathrm{T}} = A^{\mathrm{T}} + B^{\mathrm{T}} \tag{2-20}$$

例 2-2 若 $A = \begin{bmatrix} 1 & 5 \\ 2 & 3 \\ 4 & 6 \end{bmatrix}$, $B = \begin{bmatrix} 2 & 4 \\ 3 & 6 \\ 4 & 2 \end{bmatrix}$, 试求矩阵 A 和 B 的和。

解： 设矩阵 C 为矩阵 A 和 B 的和，即 $C=A+B$，根据式（2-17）矩阵 C 中的各元素应该为：

$$C_{ij}=A_{ij}+B_{ij}\,(i=1,\ \dots,\ m;\ j=1,\ \dots,\ n)$$

故：

$$C = \begin{bmatrix} A_{11}+B_{11} & A_{12}+B_{12} \\ A_{21}+B_{21} & A_{22}+B_{22} \\ A_{31}+B_{31} & A_{32}+B_{32} \end{bmatrix} = \begin{bmatrix} 1+2 & 5+4 \\ 2+3 & 3+6 \\ 4+4 & 6+2 \end{bmatrix} = \begin{bmatrix} 3 & 9 \\ 5 & 9 \\ 8 & 8 \end{bmatrix}$$

$$C = A+B = \begin{bmatrix} 3 & 9 \\ 5 & 9 \\ 8 & 8 \end{bmatrix}$$

4. 矩阵的相乘

设 $A=(A_{ij})$ 是一个 $m \times s$ 阶矩阵，$B=(B_{ij})$ 是一个 $s \times n$ 阶矩阵，那么规定矩阵 A 与矩阵 B 的乘积是一个 $m \times n$ 阶矩阵 $C=(C_{ij})$，其中

$$C_{ij} = A_{i1}B_{1j} + A_{i2}B_{2j} + \dots + A_{is}B_{sj} = \sum_{k=1}^{s} A_{ik}B_{kj} \tag{2-21}$$

$$(i=1,\dots,\ m;\ j=1,\dots,\ n)$$

并把此乘积记作

$$C=AB \tag{2-22}$$

注意： 只有当第一个矩阵（左矩阵）的列数等于第二个矩阵（右矩阵）的行数时，两个矩阵才能相乘。

一般来说，矩阵乘积不遵循交换律，即 $AB \neq BA$。但遵循分配率与结合律，即有

$$(A+B)C = AC + BC \tag{2-23}$$

$$(AB)C = A(BC) = ABC \tag{2-24}$$

且有

$$(AB)^{\mathrm{T}} = B^{\mathrm{T}}A^{\mathrm{T}} \tag{2-25}$$

例 2-3 若 $A = \begin{bmatrix} 1 \\ 2 \end{bmatrix}$, $B = \begin{bmatrix} 3 & 2 \end{bmatrix}$, 试求矩阵 AB。

解： 设矩阵 C 为矩阵 A 和 B 的乘积，即 $C=AB$，
根据式（2-21）可知，矩阵 C 中的各元素应该为：

$$C_{ij} = A_{i1}B_{1j} + A_{i2}B_{2j} + \dots + A_{is}B_{sj} = \sum_{k=1}^{s} A_{ik}B_{kj}$$

$$(i=1,\dots,\ m;\ j=1,\dots,\ n)$$

故：

$$C = \begin{bmatrix} A_{11} \times B_{11} & A_{11} \times B_{12} \\ A_{21} \times B_{11} & A_{21} \times B_{12} \end{bmatrix} = \begin{bmatrix} 1 \times 3 & 1 \times 2 \\ 2 \times 3 & 2 \times 2 \end{bmatrix} = \begin{bmatrix} 3 & 2 \\ 6 & 4 \end{bmatrix}$$

$$C = A \times B = \begin{bmatrix} 3 & 2 \\ 6 & 4 \end{bmatrix}$$

例 2-4 若 $A = \begin{bmatrix} 2 & 4 \\ 1 & 2 \end{bmatrix}$，$B = \begin{bmatrix} 2 & -2 \\ -1 & 1 \end{bmatrix}$，试求矩阵 AB 和 BA。

解： 设矩阵 $C = AB$，矩阵 $D = BA$

根据式（2-21），矩阵 C 中的各元素应该为：

$$C_{ij} = A_{i1}B_{1j} + A_{i2}B_{2j} + \cdots + A_{is}B_{sj} = \sum_{k=1}^{s} A_{ik}B_{kj}$$

$$(i = 1, \ldots, m;\ j = 1, \ldots, n)$$

故：

（1）$C = \begin{bmatrix} 2 & 4 \\ 1 & 2 \end{bmatrix} \begin{bmatrix} 2 & -2 \\ -1 & 1 \end{bmatrix} = \begin{bmatrix} A_{11} \times B_{11} + A_{12} \times B_{21} & A_{11} \times B_{12} + A_{12} \times B_{22} \\ A_{21} \times B_{11} + A_{22} \times B_{21} & A_{21} \times B_{12} + A_{22} \times B_{22} \end{bmatrix}$

$$= \begin{bmatrix} 2 \times 2 + 4 \times (-1) & 2 \times (-2) + 4 \times 1 \\ 1 \times 2 + 2 \times (-1) & 1 \times (-2) + 2 \times 1 \end{bmatrix} = \begin{bmatrix} 0 & 0 \\ 0 & 0 \end{bmatrix}$$

$$C = AB = \begin{bmatrix} 0 & 0 \\ 0 & 0 \end{bmatrix}$$

（2）$D = \begin{bmatrix} 2 & -2 \\ -1 & 1 \end{bmatrix} \begin{bmatrix} 2 & 4 \\ 1 & 2 \end{bmatrix} = \begin{bmatrix} B_{11} \times A_{11} + B_{12} \times A_{21} & B_{11} \times A_{12} + B_{12} \times A_{22} \\ B_{21} \times A_{11} + B_{22} \times A_{21} & B_{21} \times A_{12} + B_{22} \times A_{22} \end{bmatrix}$

$$= \begin{bmatrix} 2 \times 2 + (-2) \times 1 & 2 \times 4 + (-2) \times 2 \\ (-1) \times 2 + 1 \times 1 & (-1) \times 4 + 1 \times 2 \end{bmatrix} = \begin{bmatrix} 2 & 4 \\ -1 & -2 \end{bmatrix}$$

$$D = BA = \begin{bmatrix} 2 & 4 \\ -1 & -2 \end{bmatrix}$$

由此可知，矩阵乘积不遵循交换律，即 $AB \neq BA$。

5. 矩阵的线性相关性

对于 n 个 m 阶列阵 $A_j = (A_{ij}\ \ A_{ij}\ \ \cdots\ \ A_{ij})^{\mathrm{T}}(j = 1, 2, \cdots, n)$，如果存在 n 个不同时为零的常数 $k_j(j = 1, 2, \cdots, n)$，使得下式成立，则称这 n 个列阵线性相关。

$$\sum_{j=1}^{n} k_j A_{ij} = k_1 \begin{bmatrix} A_{11} \\ A_{21} \\ \vdots \\ A_{m1} \end{bmatrix} + k_2 \begin{bmatrix} A_{12} \\ A_{22} \\ \vdots \\ A_{m2} \end{bmatrix} + \cdots + k_n \begin{bmatrix} A_{1n} \\ A_{2n} \\ \vdots \\ A_{mn} \end{bmatrix} = 0 \qquad (2\text{-}26)$$

如果，只有 $k_j = 0(j = 1, 2, \ldots, n)$ 时，上式才成立，则称这 n 个 m 阶列阵线性无关。将上述定义加以推广，考虑 $m \times n$ 阶矩阵 A，如果存在一常值列阵 $k_j = (k_1\ k_2\ \ldots k_n)^{\mathrm{T}} \neq 0$，使得下式成立，则称矩阵 A 的各列阵线性相关。

$$A=\sum_{i=1}^{n} k_j A_j = 0 \qquad (2\text{-}27)$$

否则，矩阵 A 的各列阵线性无关。如果，存在一常值列阵 $l = (l_1\ l_2\ \ldots l_n)^{\mathrm{T}} \neq 0$，满足下式，也称矩阵 A 的各行阵线性相关

$$A^{\mathrm{T}}l=0 \qquad (2\text{-}28)$$

否则，矩阵 A 的各行阵线性无关。

6. 矩阵求秩

"秩"指的是一矩阵最大的线性无关的列（行）阵的个数，分为行秩和列秩。可以证明，任何矩阵的行秩和列秩是相等的，故行秩或列秩又称为该矩阵的秩。通常秩小于或等于该矩阵的行阶或列阶中的小者。若一个矩阵的秩与行阶或是列阶相等，则称该矩阵为行满秩或列满秩。各行阵或列阵线性无关的方阵称为满秩方阵。不满秩的方阵又称为奇异阵。

7. 矩阵求导

矩阵的元素如果为时间 t 的函数，记为 $A_{ij}(t)$，该矩阵记为 $A(t)$，它对时间的导数为一同阶矩阵，其各元素为原矩阵的元素 $A_{ij}(t)$ 对时间的导数，即

$$\frac{\mathrm{d}}{\mathrm{d}t}A(t) \overset{\text{def}}{=} \left(\frac{\mathrm{d}A_{ij}(t)}{\mathrm{d}t}\right)_{m\times n} \qquad (2\text{-}29)$$

根据此定义与微分的基本性质，可得如下关系式：

$$\frac{\mathrm{d}}{\mathrm{d}t}(aA) \overset{\text{def}}{=} \frac{\mathrm{d}a}{\mathrm{d}t}A + a\frac{\mathrm{d}A}{\mathrm{d}t} \qquad (2\text{-}30)$$

$$\frac{\mathrm{d}}{\mathrm{d}t}(A + B) \overset{\text{def}}{=} \frac{\mathrm{d}A}{\mathrm{d}t} + \frac{\mathrm{d}B}{\mathrm{d}t} \qquad (2\text{-}31)$$

$$\frac{\mathrm{d}}{\mathrm{d}t}(AB) \overset{\text{def}}{=} \frac{\mathrm{d}A}{\mathrm{d}t}B + A\frac{\mathrm{d}B}{\mathrm{d}t} \qquad (2\text{-}32)$$

式中，a 为时间函数的标量；A 与 B 均为时间函数的矩阵，且它们满足矩阵运算的条件。

任务2　位置与姿态描述

一、任务导入

在描述物体（如零件、工具或机械手）之间的关系时，要使用到坐标系、位置描述、位姿描述等概念。本任务对位置与姿态进行描述，让我们来学习这些概念及其表示法。

二、坐标系的定义

工业机器人是一种非常复杂的系统，为了精准、清楚地描述机器人位姿参数，通常采用坐标系来描述。而机器人的结构可以看成是由一个个的关节连接起来的连杆在空间组成

的多刚体系统。因此，也属于空间几何学的问题。坐标系可以把空间几何学的问题归结成易于理解的代数形式的问题，用代数学的方法进行计算及证明，从而达到解决几何问题的目的。

在工业机器人学科中，常使用的坐标系有以下几种。

1. 直角坐标系

在空间建立直角坐标系后，可以使用点到三个相互垂直的坐标平面的距离来确定点的位置，即在空间的点 P 与三维有序数组（a，b，c）一一对应。如图 2-1～图 2-3 的坐标系中，取三条相互垂直的具有一定方向和度量单位的直线，称为三维直角坐标系 $R3$ 或空间直角坐标系 $OXYZ$（也称为右手坐标系）。利用这种坐标系可以把空间中的点 P 与三维有序数组（a，b，c）建立起一一对应的关系。

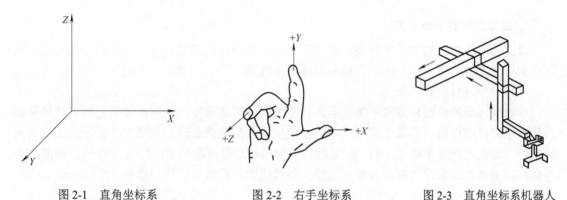

图 2-1　直角坐标系　　　　图 2-2　右手坐标系　　　　图 2-3　直角坐标系机器人

2. 柱面坐标系

如图 2-4 所示，设 M（x，y，z）为空间中的一点，并设点 M 在 XOY 面上的投影点 P 的极坐标为（r,θ），则 r、θ、z 就称为点 M 的柱面坐标（见图 2-5）。

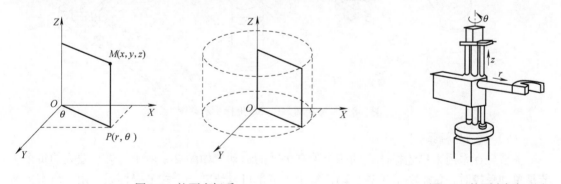

图 2-4　柱面坐标系　　　　　　　图 2-5　柱面坐标机器人

3. 球面坐标系

假设 P（x，y，z）为空间中的一点，则点 P 也可以用三个有次序的数（r，θ，φ）来确定，其中 r 为原点 O 到点 P 的距离；θ 为 OP 线与正 Z 轴的夹角；φ 为以正 Z 轴为圆心，自 X 轴开始按逆时针旋转到 OM（如图 2-6 所示，点 M 为点 P 在 XOY 平面上的投影）所转过的角度。这三个数 r，θ，φ 则称为点 P 的球面坐标。球面坐标机器人如图 2-7 所示。

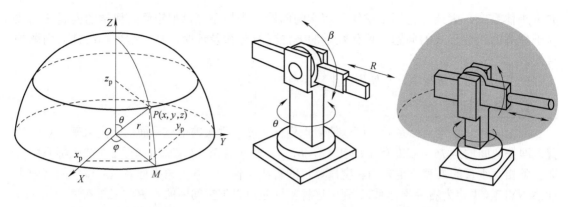

图 2-6　球面坐标系　　　　　　　　　　图 2-7　球面坐标机器人

4. 坐标系的其他分类方式

以上为三种常用的坐标系种类。在机器人学中也会常用到另一种坐标系的分类方式来描述空间机器人的位姿，即：**参考坐标系**和**关节坐标系**。

（1）参考坐标系

参考坐标系的位置和方向不随机器人各个关节的运动而变化，对机器人的所有其他坐标系起参考定位的作用。通常使用空间中的固定坐标 $OXYZ$ 来表述，如图 2-8 所示。在这种坐标系中，无论机械臂在哪里，X、Y、Z 轴的正向运动总是跟随着 X、Y、Z 轴的正方向的。参考坐标系主要是用来定义机器人相对其他物体的运动和机器人的运动路径。

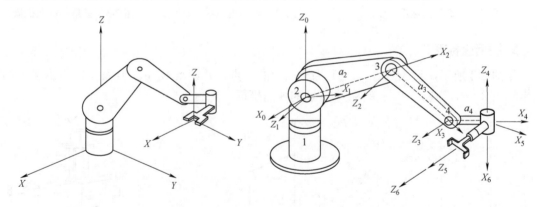

图 2-8　参考坐标系和关节坐标系示意图

（2）关节坐标系

关节坐标系用来描述机器人的每个独立关节的运动，如图 2-8 所示。当机器人的每个关节是单独受控时，每个关节单独运动，每个关节都可以建立一个关节坐标系。由于所有关节的类型不同，机器人末端的动作也各不相同，例如，如果是旋转关节运动，机器人末端将绕着关节的轴旋转。

空间点的描述

三、位置描述

1. 空间点的表示

建立一个参考坐标系后，如果要确定刚体在空间中的位姿，需要得到刚体上的某一个点的位置和刚体的空间姿态。比如在刚体中取一个点 P，该点的位置（相对于参考坐标系 $OXYZ$）用 O 点相对于参考坐标系的三个坐标分量来表示：

$$P=ai+bj+ck \qquad (2\text{-}33)$$

上式中，a、b、c 分别为 P 点在直角坐标系中的三个坐标分量。

当然，也可以用空间中其他的坐标系来表示点 P。

例 2-5 尝试表示图 2-9 中的 P 点。

解：在图 2-9 中：

点 P 相对于 X 轴的分量为 5；

点 P 相对于 Y 轴的分量为 4；

点 P 相对于 Z 轴的分量为 2

故，可将点 P 表示为 $P=5i+4j+2k$。

空间向量的描述

2. 空间向量的表示

空间中的向量可以由起始点和终点的坐标来表示。如果一个向量起始于 A 点，终止于 B 点，A 点表示为 $A=A_x i+A_y j+A_z k$，B 点表示为 $B=B_x i+B_y j+B_z k$。那么，该向量可以表示为：

$$\overrightarrow{AB}=(B_x-A_x)i+(B_y-A_y)j+(B_z-A_z)k \qquad (2\text{-}34)$$

例 2-6 尝试表示图 2-10 中的向量 $\overrightarrow{AB}$。

解：在图 2-10 中，向量 $\overrightarrow{AB}$ 起始于点 A，截止于点 B。

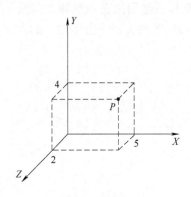

图 2-9 例 2-5

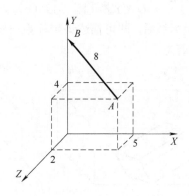

图 2-10 例 2-6

其中，原点 A 表达为 $A=5i+4j+2k$

点 B 表达为 $B=0i+8j+0k$

那么，$\overrightarrow{AB}=(B_x-A_x)i+(B_y-A_y)j+(B_z-A_z)k$

$\qquad\quad =(0-5)i+(8-4)j+(0-2)k$

$\qquad\quad =-5i+4j-2k$

如果向量的起始点为原点，终止点为 P 点时，向量便可表示为

$$\overrightarrow{OP}=(a-0)i+(b-0)j+(c-0)k=P=ai+bj+ck \qquad (2\text{-}35)$$

上式被称为向量 $\overrightarrow{OP}$ 的分量式，a、b、c 称为向量 $\overrightarrow{OP}$ 的坐标，称 $\overrightarrow{OP}=\{a,b,c\}$ 为向量 $\overrightarrow{OP}$

的坐标式。当然，也可以用 3×1 矩阵来表示，即：

$$P = \begin{bmatrix} a \\ b \\ c \end{bmatrix} \text{ 或是 } P = \begin{bmatrix} a & b & c \end{bmatrix}^{\mathrm{T}} \tag{2-36}$$

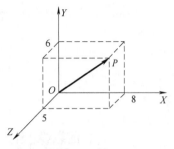

图 2-11   例 2-7

机器人的位置描述就可以使用空间向量来表示。比如，刚体 B 在空间直角坐标器 $\{A\}$ 中的位置可以表示为 $^{A}P_{B}$。其中，上标 A 代表参考坐标系 $\{A\}$，下标 B 代表被描述的刚体 B。

例 2-7   尝试表示图 2-11 中的向量 $\overrightarrow{OP}$。

解：在图 2-11 中，向量 $\overrightarrow{OP}$ 起始于原点 O，截止于点 P。

其中，点 P 表达为 $P=8i+6j+5k$

那么，$\overrightarrow{OP}=P=8i+6j+5k$

用 3×1 矩阵来表示，可以表示为：

$$\overrightarrow{OP} = \begin{bmatrix} 8 \\ 6 \\ 5 \end{bmatrix} \text{ 或 } \overrightarrow{OP} = \begin{bmatrix} 8 & 6 & 5 \end{bmatrix}^{\mathrm{T}}$$

姿态描述

四、姿态描述

如图 2-12 所示，在确定了刚体在空间中的位置后 ［图 2-12（a）、(b)］，还要描述刚体的方位。可以在刚体上按照一定的规律来建立动坐标系 $O'X'Y'Z'$ ［图 2-12（c）］。这一个动坐标系是用来表示刚体方向的，当建立好 $O'X'Y'Z'$ 坐标系后，即可描述该坐标系与参考坐标系 $OXYZ$ 的关系 ［图 2-12（d）、(e)］，这就是刚体的姿态。

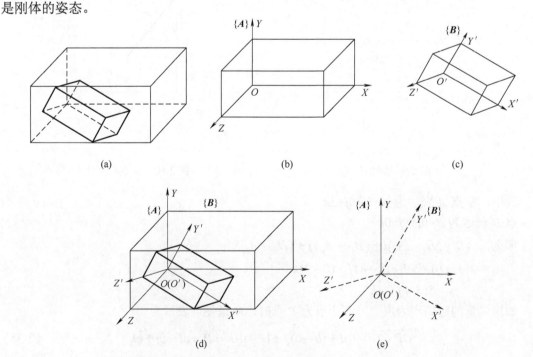

图 2-12   刚体姿态示意图

将动坐标系 $O'X'Y'Z'$ 拆分成 3 个轴：X' 轴、Y' 轴、Z' 轴，研究刚体的姿态就是要讨论几何向量在坐标系 $OXYZ$ 中如何表示。

例如：在空间中建立好参考坐标系 $\{A\}$ 后，为了规定某刚体 B 的姿态。设置一个直角坐标系 $\{B\}$ 与此刚体固接。用坐标系 $\{B\}$ 的三个单位向量 x_B，y_B，z_B 相对于参考坐标系 $\{A\}$ 的方向余弦组成 3×3 矩阵来表示刚体 B 相对于参考坐标系 $\{A\}$ 的姿态。如图 2-13 所示。

$$
{}^A_B\boldsymbol{R} = \begin{bmatrix} {}^A\boldsymbol{x}_B & {}^A\boldsymbol{y}_B & {}^A\boldsymbol{z}_B \end{bmatrix} = \begin{bmatrix} r_{11} & r_{12} & r_{13} \\ r_{21} & r_{22} & r_{23} \\ r_{31} & r_{32} & r_{33} \end{bmatrix} \tag{2-37}
$$

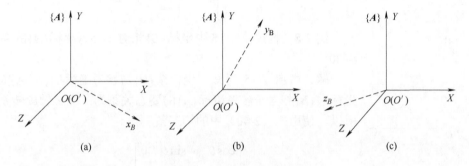

(a)　　　　　　　　(b)　　　　　　　　(c)

图 2-13　坐标系旋转示意图

${}^A_B\boldsymbol{R}$ 称为旋转矩阵。式中，上标 $\boldsymbol{A}$ 代表参考坐标系 $\{A\}$，下标 $\boldsymbol{B}$ 代表被描述的坐标系 $\{B\}$。${}^A\boldsymbol{x}_B$ 列矩阵代表坐标系 $\{B\}$ 的 X 轴单位向量在坐标系 $\{A\}$ 中的表示，${}^A\boldsymbol{y}_B$、${}^A\boldsymbol{z}_B$ 同理。${}^A\boldsymbol{x}_B$、${}^A\boldsymbol{y}_B$、${}^A\boldsymbol{z}_B$ 列矩阵都为单位矩阵，且双双相互垂直，因而 9 个元素满足 6 个约束条件（正交条件）：

$$
\begin{aligned}
{}^A\boldsymbol{x}_B \times {}^A\boldsymbol{x}_B &= {}^A\boldsymbol{y}_B \times {}^A\boldsymbol{y}_B = {}^A\boldsymbol{z}_B \times {}^A\boldsymbol{z}_B = 1 \\
{}^A\boldsymbol{x}_B \times {}^A\boldsymbol{y}_B &= {}^A\boldsymbol{y}_B \times {}^A\boldsymbol{z}_B = {}^A\boldsymbol{x}_B \times {}^A\boldsymbol{z}_B = 0
\end{aligned} \tag{2-38}
$$

可见，旋转矩阵 ${}^A_B\boldsymbol{R}$ 是正交的，且满足条件：

$$
{}^A_B\boldsymbol{R}^{-1} = {}^A_B\boldsymbol{R}^{\mathrm{T}}, \left| {}^A_B\boldsymbol{R} \right| = 1 \tag{2-39}
$$

对应于轴 X，Y，Z 作转角为 θ 的旋转变化（如图 2-14 所示），其旋转矩阵分别为：

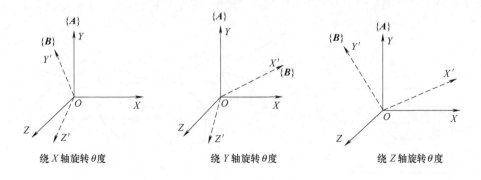

绕 X 轴旋转 θ 度　　　　绕 Y 轴旋转 θ 度　　　　绕 Z 轴旋转 θ 度

图 2-14　坐标系绕 X，Y，Z 轴旋转示意图

$$R(x,\theta) = \begin{bmatrix} 1 & 0 & 0 \\ 0 & \cos\theta & -\sin\theta \\ 0 & \sin\theta & \cos\theta \end{bmatrix} \text{（绕 } X \text{ 轴旋转 } \theta \text{ 度）}$$

$$R(y,\theta) = \begin{bmatrix} \cos\theta & 0 & \sin\theta \\ 0 & 1 & 0 \\ -\sin\theta & 0 & \cos\theta \end{bmatrix} \text{（绕 } Y \text{ 轴旋转 } \theta \text{ 度）} \qquad (2\text{-}40)$$

$$R(z,\theta) = \begin{bmatrix} \cos\theta & -\sin\theta & 0 \\ \sin\theta & \cos\theta & 0 \\ 0 & 0 & 1 \end{bmatrix} \text{（绕 } Z \text{ 轴旋转 } \theta \text{ 度）}$$

例 2-8 描述图 2-15 中坐标 $\{B\}$ 相对于参考坐标 $\{A\}$ 的姿态。$\theta=30°$。

解： 由图 2-15 可知，坐标系 $\{B\}$ 与参考坐标 $\{A\}$ 原点重合，坐标系 $\{B\}$ 相对于参考坐标 $\{A\}$ 的姿态关系为：绕 Z 轴旋转 θ 度。所以，使用式（2-40）中的第三条

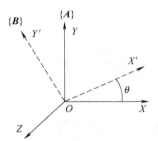

图 2-15　例 2-8

$$R(z,\theta) = \begin{bmatrix} \cos\theta & -\sin\theta & 0 \\ \sin\theta & \cos\theta & 0 \\ 0 & 0 & 1 \end{bmatrix} \text{（绕 } Z \text{ 轴旋转 } \theta \text{ 度）}$$

所以，这个旋转矩阵可以表示为：

$$R(z,30°) = \begin{bmatrix} \cos30° & -\sin30° & 0 \\ \sin30° & \cos30° & 0 \\ 0 & 0 & 1 \end{bmatrix} = \begin{bmatrix} 0.87 & -0.5 & 0 \\ 0.5 & 0.87 & 0 \\ 0 & 0 & 1 \end{bmatrix}$$

位姿描述

五、位姿描述

在之前的学习中，已经讨论了采用空间向量来描述机器人的位置，还讨论了使用旋转矩阵来描述机器人的姿态。要完全地描述刚体 B 在空间的位姿（位置和姿态），通常将物体 B 与 $\{B\}$ 坐标系固接，$\{B\}$ 坐标原点一般选择在刚体 B 的特征上，如质心等，如图 2-16 所示。

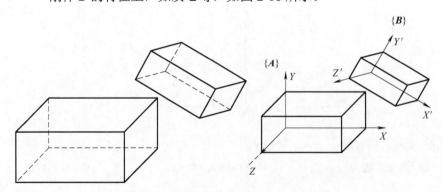

图 2-16　刚体位姿示意图

相对参考$\{A\}$，坐标系$\{B\}$的原点位置和坐标轴的方向，分别由位置向量^AP_B和旋转矩阵^A_BR来描述。这样，刚体B的位姿可由坐标系$\{B\}$来描述，即有$\{B\}=\left\{^A_BR \quad ^AP_B\right\}$

当表示位置时，上式中的旋转矩阵$^A_BR=I$（单位矩阵）；当表示姿态时，上式中的位置向量$^AP_B=0$。

例 2-9 描述图 2-17 中坐标$\{B\}$相对于参考坐标$\{A\}$的位姿。

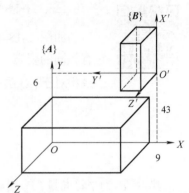

解：首先，确定$\{B\}$坐标系的位置向量^AP_B，$^AP_B=\begin{bmatrix} 9 \\ 6 \\ 0 \end{bmatrix}$

然后，确认坐标$\{B\}$相对于参考坐标$\{A\}$的姿态关系，即旋转矩阵^A_BR

由图 2-17 可知，坐标$\{B\}$相对于参考坐标$\{A\}$，姿态关系为：绕Z轴旋转90°。

所以，使用公式

图 2-17　例 2-9

$$R(z,\theta)=\begin{bmatrix} \cos\theta & -\sin\theta & 0 \\ \sin\theta & \cos\theta & 0 \\ 0 & 0 & 1 \end{bmatrix}（绕Z轴旋转\theta度）$$

旋转矩阵：

$$R(z,\theta)=\begin{bmatrix} \cos90° & -\sin90° & 0 \\ \sin90° & \cos90° & 0 \\ 0 & 0 & 1 \end{bmatrix}=\begin{bmatrix} 0 & -1 & 0 \\ 1 & 0 & 0 \\ 0 & 0 & 1 \end{bmatrix}$$

坐标$\{B\}$相对于参考坐标$\{A\}$的位姿为：

$$\{B\}=\begin{bmatrix} 0 & -1 & 0 & 9 \\ 1 & 0 & 0 & 6 \\ 0 & 0 & 1 & 0 \end{bmatrix}$$

任务3　坐标变换

一、任务导入

空间中的任一点P在不同坐标系中的描述是不一样的。为了阐明从一个坐标系到另一个坐标系的描述关系，需要讨论这种变换的数学问题。

当空间中的坐标系（向量、物体或运动坐标系等）相对于固定的参考坐标系产生运动时，这一运动可以用类似于表示坐标系的方式来表示。这是因为变换本身就是坐标系状态的变化

（表示坐标系位姿的变化）。坐标变换可以为如下几种形式：

① 平移坐标变换；

② 旋转坐标变换；

③ 平移与旋转的组合。

平移坐标变换

二、平移坐标变换

如图 2-18 所示，设有一个固定的坐标系$\{A\}$和一个动直角坐标系$\{B\}$具有相同的姿态，但$\{A\}$系与$\{B\}$系的原点不重合，用位置向量$^A\boldsymbol{P}_B$来描述$\{B\}$系相对于$\{A\}$系的位置，称$^A\boldsymbol{P}_B$为$\{B\}$系相对$\{A\}$系的平移向量。且

$$^A\boldsymbol{P}_B = \begin{bmatrix} d_x \\ d_y \\ d_z \end{bmatrix} \tag{2-41}$$

其中，d_x为平移向量$^A\boldsymbol{P}_B$相对于固定坐标系$\{A\}$的X轴分量；d_y为平移向量$^A\boldsymbol{P}_B$相对于固定坐标系$\{A\}$的Y轴分量；d_z为平移向量$^A\boldsymbol{P}_B$相对于固定坐标系$\{A\}$的Z轴分量。如果点P在$\{B\}$系中的位置是$^B\boldsymbol{P}$，那么相对于$\{A\}$系的位置向量$^A\boldsymbol{P}$可由向量的相加得出，即

$$^A\boldsymbol{P} = {}^B\boldsymbol{P} + {}^A\boldsymbol{P}_B \tag{2-42}$$

上式称为坐标平移方程。

例2-10 如图 2-19 所示已知坐标系$\{B\}$的初始位置与$\{A\}$重合，将坐标系$\{B\}$相对于坐标系$\{A\}$的X_A轴移动 12 个单位，并沿Y_A轴移动 6 个单位。求位置矢量$^A\boldsymbol{P}_B$。若点P在坐标系$\{A\}$中的描述为$^A\boldsymbol{P}=\begin{bmatrix} 2 \\ 8 \\ 1 \end{bmatrix}$，求点$P$在坐标系$\{B\}$中的描述$^B\boldsymbol{P}$。试绘制两个坐标系的关系。

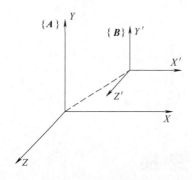

图 2-18 坐标系平移　　　　　　　　　图 2-19 例 2-10

解： 首先，确定位置向量$^A\boldsymbol{P}_B$

$$^A\boldsymbol{P}_B = \begin{bmatrix} 12 \\ 6 \\ 0 \end{bmatrix}$$

然后，由$^A\boldsymbol{P}={}^B\boldsymbol{P}+{}^A\boldsymbol{P}_B$，可知$^B\boldsymbol{P}={}^A\boldsymbol{P}-{}^A\boldsymbol{P}_B$。

$$^B\boldsymbol{P} = \begin{bmatrix} 2 \\ 8 \\ 1 \end{bmatrix} - \begin{bmatrix} 12 \\ 6 \\ 0 \end{bmatrix} = \begin{bmatrix} -10 \\ 2 \\ 1 \end{bmatrix}$$

三、旋转坐标变换

旋转坐标变换

如图 2-20 所示，设坐标系{$\boldsymbol{B}$}与{$\boldsymbol{A}$}有共同的原点，但是{$\boldsymbol{A}$}系和{$\boldsymbol{B}$}系姿态不同，用旋转矩阵 $^A_B\boldsymbol{R}$ 来描述{$\boldsymbol{B}$}系相对于{$\boldsymbol{A}$}系的姿态。同一点 P 在两个坐标系{$\boldsymbol{A}$}和{$\boldsymbol{B}$}中的描述 $^A\boldsymbol{P}$ 和 $^B\boldsymbol{P}$ 可由向量的相乘得出，即

$$^A\boldsymbol{P} = {}^A_B\boldsymbol{R}\,{}^B\boldsymbol{P} \tag{2-43}$$

上式称为坐标旋转方程。

例 2-11 如图 2-21 所示，已知坐标系{$\boldsymbol{B}$}的初始位置与{$\boldsymbol{A}$}重合，将坐标系{$\boldsymbol{B}$}相对于坐标系{$\boldsymbol{A}$}的 X_A 轴旋转 30°。求旋转矩阵 $^A_B\boldsymbol{R}$。若点 P 在坐标系{$\boldsymbol{B}$}中的描述为 $^B\boldsymbol{P} = \begin{bmatrix} 1 \\ 1 \\ 1 \end{bmatrix}$，求点 P 在坐标系{$\boldsymbol{A}$}中的描述 $^A\boldsymbol{P}$。试绘制两个坐标系的关系。

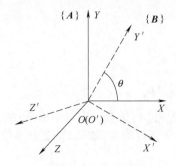

图 2-20 坐标系旋转

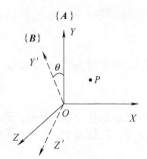

图 2-21 例 2-11

解： 首先，确定旋转矩阵 $^A_B\boldsymbol{R}$，由于是相对于 X_A 轴旋转 30°，所以选择下式：

$$^A_B\boldsymbol{R} = \begin{bmatrix} 1 & 0 & 0 \\ 0 & \cos\theta & -\sin\theta \\ 0 & \sin\theta & \cos\theta \end{bmatrix}$$

$$^A_B\boldsymbol{R} = \begin{bmatrix} 1 & 0 & 0 \\ 0 & \cos 30° & -\sin 30° \\ 0 & \sin 30° & \cos 30° \end{bmatrix} = \begin{bmatrix} 1 & 0 & 0 \\ 0 & 0.87 & -0.5 \\ 0 & 0.5 & 0.87 \end{bmatrix}$$

然后，由 $^A\boldsymbol{P} = {}^A_B\boldsymbol{R}\,{}^B\boldsymbol{P}$，可知：

$$^A\boldsymbol{P} = \begin{bmatrix} 1 & 0 & 0 \\ 0 & 0.87 & -0.5 \\ 0 & 0.5 & 0.87 \end{bmatrix} \begin{bmatrix} 1 \\ 1 \\ 1 \end{bmatrix} = \begin{bmatrix} 1 \\ 0.37 \\ 1.37 \end{bmatrix}$$

相同的，也可以用 $_A^BR$ 来描述 $\{A\}$ 系相对于 $\{B\}$ 系的姿态。$_B^AR$ 和 $_A^BR$ 都为正交矩阵，两者互逆。所以：

$$_A^BR = {_B^AR}^{-1} = {_B^AR}^T \tag{2-44}$$

四、复合坐标变换

复合坐标变换

在实际应用中，机器人的运动往往比较复杂，不仅仅是单纯的平移或是旋转，而是平移和旋转组合变换，如图 2-22 所示。也就是说，坐标系 $\{A\}$ 的原点和坐标系 $\{B\}$ 的原点不重合，且 $\{A\}$ 系和 $\{B\}$ 系的姿态也不同。在描述时，用位置向量 ^AP_B 表示 $\{B\}$ 系的坐标原点相对于 $\{A\}$ 系的位置，并且用旋转矩阵 $_B^AR$ 描述 $\{B\}$ 系相对于 $\{A\}$ 系的姿态。对于任一点 P 在两个坐标系中的描述，$\{A\}$ 系和 $\{B\}$ 系中的描述 ^AP 和 ^BP，都有以下变换关系：

$$^AP = {_B^AR}{^BP} + {^AP_B} \tag{2-45}$$

可把上式看成坐标旋转和坐标平移的复合变换。实际上，为了方便理解，还可以设定一个过渡坐标系 $\{C\}$，使 $\{C\}$ 系坐标原点和 $\{B\}$ 系坐标原点重合，同时，$\{C\}$ 系的姿态与 $\{A\}$ 系相同。按照坐标旋转方程，可知过渡坐标系的变换：

$$^CP = {_B^CR}{^BP} \tag{2-46}$$

再由坐标平移方程，可知：

$$^AP = {^CP} + {^AP_C} = {_B^CR}{^BP} + {^AP_B} \tag{2-47}$$

例 2-12 如图 2-23 所示，已知坐标系 $\{B\}$ 的初始位置与 $\{A\}$ 重合，先将坐标系 $\{B\}$ 相对于坐标系 $\{A\}$ 的 X_A 轴旋转 30°，再将坐标系 $\{B\}$ 相对于坐标系 $\{A\}$ 的 X_A 轴移动 12 个单位，并沿 Y_A 轴移动 6 个单位，求旋转矩阵 $_B^AR$。若点 P 在坐标系 $\{B\}$ 中的描述为 $^BP = \begin{bmatrix} 3 \\ 7 \\ 0 \end{bmatrix}$，求点 P 在坐标系 $\{A\}$ 中的描述 ^AP。试绘制两个坐标系的关系。

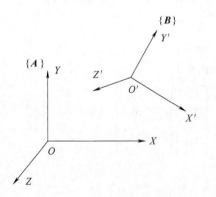

图 2-22　坐标系平移旋转

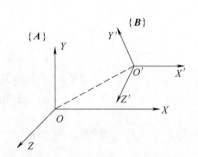

图 2-23　例 2-12

解：首先，确定位置向量 ^AP_B

$$^{A}\boldsymbol{P}_{B} = \begin{bmatrix} 12 \\ 6 \\ 0 \end{bmatrix}$$

然后，确定旋转矩阵 $^{A}_{B}\boldsymbol{R}$：

$$^{A}_{B}\boldsymbol{R} = \begin{bmatrix} 1 & 0 & 0 \\ 0 & \cos 30° & -\sin 30° \\ 0 & \sin 30° & \cos 30° \end{bmatrix} = \begin{bmatrix} 1 & 0 & 0 \\ 0 & 0.87 & -0.5 \\ 0 & 0.5 & 0.87 \end{bmatrix}$$

由式（2-45）可知 $^{A}\boldsymbol{P}=^{A}_{B}\boldsymbol{R}{}^{B}\boldsymbol{P} + {}^{A}\boldsymbol{P}_{B}$，可知：

$$^{A}\boldsymbol{P} = \begin{bmatrix} 1 & 0 & 0 \\ 0 & 0.87 & -0.5 \\ 0 & 0.5 & 0.87 \end{bmatrix}\begin{bmatrix} 3 \\ 7 \\ 0 \end{bmatrix} + \begin{bmatrix} 12 \\ 6 \\ 0 \end{bmatrix} = \begin{bmatrix} 3 \\ 6.09 \\ 3.5 \end{bmatrix} + \begin{bmatrix} 12 \\ 6 \\ 0 \end{bmatrix} = \begin{bmatrix} 15 \\ 12.09 \\ 3.5 \end{bmatrix}$$

五、齐次坐标变换

由于各种原因，变换矩阵应写成方阵形式，3×3 或 4×4 均可。在接下来的学习中，计算方形矩阵的逆要比计算长方形矩阵的逆容易得多。而且，为了使两个矩阵相乘，它们的维数必须匹配，即第一矩阵的列数必须与第二矩阵的行数相同，如（$m×n$）矩阵和（$n×p$）矩阵相乘会得到矩阵为（$m×p$）。

为了保证所表示的矩阵为方阵，如果在一个矩阵中既要表示位置又要表示姿态，那么可以在矩阵中加入比例因子使之成为 4×4 矩阵。如果只表示姿态，则可去掉位置向量，成为 3×3 的矩阵，如果同时要表示位置和姿态，就可以加入比例因子。

比如：$^{A}\boldsymbol{P}=^{A}_{B}\boldsymbol{R}{}^{B}\boldsymbol{P} + {}^{A}\boldsymbol{P}_{B}$ 是非齐次的坐标，但是可以将其表示成等价的齐次变换形式：

$$\begin{bmatrix} ^{A}\boldsymbol{P} \\ 1 \end{bmatrix} = \begin{bmatrix} ^{A}_{B}\boldsymbol{R} & ^{A}\boldsymbol{P}_{B} \\ 0 & 1 \end{bmatrix} \times \begin{bmatrix} ^{B}\boldsymbol{P} \\ 1 \end{bmatrix} \tag{2-48}$$

其中，$\begin{bmatrix} ^{A}\boldsymbol{P} \\ 1 \end{bmatrix}$ 和 $\begin{bmatrix} ^{B}\boldsymbol{P} \\ 1 \end{bmatrix}$ 列向量表示三维空间的点，称为齐次坐标，但是仍然记为 $^{A}\boldsymbol{P}$ 和 $^{B}\boldsymbol{P}$。故上式可以写成以下形式：

$$^{A}\boldsymbol{P}=^{A}_{B}\boldsymbol{T}{}^{B}\boldsymbol{P} \tag{2-49}$$

其中，$^{A}\boldsymbol{P}$ 和 $^{B}\boldsymbol{P}$ 是 4×1 的列向量，与之前所学习的空间点的表示相比，加入了第四个元素 **1**。式中 $^{A}_{B}\boldsymbol{T}$ 是 4×4 的矩阵，可以表述为：

$$^{A}_{B}\boldsymbol{T} = \begin{bmatrix} ^{A}_{B}\boldsymbol{R} & ^{A}\boldsymbol{P}_{B} \\ 0 & 1 \end{bmatrix} \tag{2-50}$$

实质上，齐次变换式可以写成两个部分：

$$^{A}\boldsymbol{P}=^{A}_{B}\boldsymbol{R}{}^{B}\boldsymbol{P} + {}^{A}\boldsymbol{P}_{B}；\ 1=0+1$$

例 2-13 已知坐标系 $\{B\}$ 相对于坐标系 $\{A\}$ 的旋转矩阵为 $^{A}_{B}\boldsymbol{R}=\begin{bmatrix} 0 & -1 & 0 \\ 1 & 0 & 0 \\ 0 & 0 & 1 \end{bmatrix}$，且位置向量为

$$^AP_B = \begin{bmatrix} 9 \\ 6 \\ 0 \end{bmatrix}$$。请写出坐标系{**B**}相对于坐标系{**A**}位姿的齐次坐标描述。

解：首先，由 $^AP = {}^A_B R\, {}^BP + {}^AP_B$ 可以等价齐次变换为 $\begin{bmatrix} ^AP \\ 1 \end{bmatrix} = \begin{bmatrix} ^A_B R & ^AP_B \\ 0 & 1 \end{bmatrix} \times \begin{bmatrix} ^BP \\ 1 \end{bmatrix}$

其中，$^A_B T = \begin{bmatrix} ^A_B R & ^AP_B \\ 0 & 1 \end{bmatrix}$。

$$^A_B T = \begin{bmatrix} 0 & -1 & 0 & 9 \\ 1 & 0 & 0 & 6 \\ 0 & 0 & 1 & 0 \\ 0 & 0 & 0 & 1 \end{bmatrix}$$

可知，坐标系{**B**}中的点 P 在坐标系{**A**}中可以表示为：

$$\begin{bmatrix} ^AP \\ 1 \end{bmatrix} = \begin{bmatrix} 0 & -1 & 0 & 9 \\ 1 & 0 & 0 & 6 \\ 0 & 0 & 1 & 0 \\ 0 & 0 & 0 & 1 \end{bmatrix} \times \begin{bmatrix} ^BP \\ 1 \end{bmatrix}$$

六、平移齐次坐标变换

若空间中某点由向量 $ai+bj+ck$ 描述。其中，i, j, k 为轴 x, y, z 上的单位向量。这个点可以用平移齐次坐标变换表示：

$$\text{Trans}(a,b,c) = \begin{bmatrix} 1 & 0 & 0 & a \\ 0 & 1 & 0 & b \\ 0 & 0 & 1 & c \\ 0 & 0 & 0 & 1 \end{bmatrix} \tag{2-51}$$

式中，Trans 代表平移变换。

已知向量 $u = \begin{bmatrix} x \\ y \\ z \\ w \end{bmatrix}$，对 u 列向量进行平移变换所得的向量 v 为

$$v = \begin{bmatrix} 1 & 0 & 0 & a \\ 0 & 1 & 0 & b \\ 0 & 0 & 1 & c \\ 0 & 0 & 0 & 1 \end{bmatrix} \begin{bmatrix} x \\ y \\ z \\ w \end{bmatrix} = \begin{bmatrix} x+aw \\ y+bw \\ z+cw \\ w \end{bmatrix} = \begin{bmatrix} x/w+a \\ y/w+b \\ z/w+c \\ 1 \end{bmatrix} \tag{2-52}$$

例 2-14 已知向量 $u = 2i+3j+2k$ 被向量 $4i-3j+7k$ 平移变换，求出新的向量 v。
解：首先

$$\text{Trans}(a,b,c)=\begin{bmatrix} 1 & 0 & 0 & 4 \\ 0 & 1 & 0 & -3 \\ 0 & 0 & 1 & 7 \\ 0 & 0 & 0 & 1 \end{bmatrix}$$

$$\boldsymbol{u}=\begin{bmatrix} 2 \\ 3 \\ 2 \\ 1 \end{bmatrix}$$

$$\boldsymbol{v}=\begin{bmatrix} 1 & 0 & 0 & 4 \\ 0 & 1 & 0 & -3 \\ 0 & 0 & 1 & 7 \\ 0 & 0 & 0 & 1 \end{bmatrix}\begin{bmatrix} 2 \\ 3 \\ 2 \\ 1 \end{bmatrix}=\begin{bmatrix} 6 \\ 0 \\ 9 \\ 1 \end{bmatrix}$$

例 2-15 已知坐标系 $\{B\}$ 的初始位置与 $\{A\}$ 重合，将坐标系 $\{B\}$ 相对于坐标系 $\{A\}$ 的 X_A 轴移动 10 个单位，并沿 Y_A 轴移动 3 个单位。求位置矢量 $^A\boldsymbol{P}_B$。若点 P 在坐标系 $\{B\}$ 中的描述为 $^B\boldsymbol{P}=\begin{bmatrix} 5 \\ 0 \\ 9 \end{bmatrix}$，求点 P 在坐标系 $\{A\}$ 中的描述 $^A\boldsymbol{P}$。

解：首先，得到新的坐标系 $\{B\}$ 的原点在坐标系 $\{A\}$ 中的向量表示：$^A\boldsymbol{P}_B=\begin{bmatrix} 10 \\ 3 \\ 0 \end{bmatrix}$

然后，列出平移齐次坐标变换矩阵：

$$\text{Trans}(a,b,c)=\begin{bmatrix} 1 & 0 & 0 & 10 \\ 0 & 1 & 0 & 3 \\ 0 & 0 & 1 & 0 \\ 0 & 0 & 0 & 1 \end{bmatrix}$$

点 P 在坐标系 $\{B\}$ 中的向量表示为 $^B\boldsymbol{P}=\begin{bmatrix} 5 \\ 0 \\ 9 \\ 1 \end{bmatrix}$

则点 P 在坐标系 $\{A\}$ 中的向量表示为 $^A\boldsymbol{P}=\begin{bmatrix} 1 & 0 & 0 & 10 \\ 0 & 1 & 0 & 3 \\ 0 & 0 & 1 & 0 \\ 0 & 0 & 0 & 1 \end{bmatrix}\begin{bmatrix} 5 \\ 0 \\ 9 \\ 1 \end{bmatrix}=\begin{bmatrix} 15 \\ 3 \\ 9 \\ 1 \end{bmatrix}$

七、旋转齐次坐标变换

对应于轴 X，Y，Z 作转角为 θ 的旋转变换，分别可以用下列式子来描述：

$$Rob(X,\theta)=\begin{bmatrix}1&0&0&0\\0&\cos\theta&-\sin\theta&0\\0&\sin\theta&\cos\theta&0\\0&0&0&1\end{bmatrix}$$

$$Rob(Y,\theta)=\begin{bmatrix}\cos\theta&0&\sin\theta&0\\0&1&0&0\\-\sin\theta&0&\cos\theta&0\\0&0&0&1\end{bmatrix}$$ （2-53）

$$Rob(Z,\theta)=\begin{bmatrix}\cos\theta&-\sin\theta&0&0\\\sin\theta&\cos\theta&0&0\\0&0&1&0\\0&0&0&1\end{bmatrix}$$

式中，Rob 表示旋转变换。

例 2-16　已知向量 $u=7i+3j+2k$，对它分别进行绕轴 Z 旋转 $90°$ 和绕 Y 轴旋转 $90°$ 的变换后。求出新的向量 v_Z 和 v_Y。

解：

$$Trans(a,b,c)_Z=\begin{bmatrix}0&-1&0&0\\1&0&0&0\\0&0&1&0\\0&0&0&1\end{bmatrix}$$

$$u=\begin{bmatrix}7\\3\\2\\1\end{bmatrix}$$

$$v_Z=\begin{bmatrix}0&-1&0&0\\1&0&0&0\\0&0&1&0\\0&0&0&1\end{bmatrix}\begin{bmatrix}7\\3\\2\\1\end{bmatrix}=\begin{bmatrix}-3\\7\\2\\1\end{bmatrix}$$

$$Trans(a,b,c)_Y=\begin{bmatrix}0&0&1&0\\0&1&0&0\\-1&0&0&0\\0&0&0&1\end{bmatrix}$$

$$v_Y=\begin{bmatrix}0&0&1&0\\0&1&0&0\\-1&0&0&0\\0&0&0&1\end{bmatrix}\begin{bmatrix}7\\3\\2\\1\end{bmatrix}=\begin{bmatrix}2\\3\\-7\\1\end{bmatrix}$$

例 2-17 如例 2-11 所示，已知坐标系 $\{B\}$ 的初始位置与 $\{A\}$ 重合，先将坐标系 $\{B\}$ 相对于坐标系 $\{A\}$ 的 X_A 轴旋转 30°，再将坐标系 $\{B\}$ 相对于坐标系 $\{A\}$ 的 X_A 轴移动 12 个单位，并沿 Y_A 轴移动 6 个单位，求旋转矩阵 ${}_B^A R$。若点 P 在坐标系 $\{B\}$ 中的描述为 ${}^B P = \begin{bmatrix} 3 \\ 7 \\ 0 \end{bmatrix}$，求点 P 在坐标系 $\{A\}$ 中的描述 ${}^A P$。（用齐次坐标解决）

解： $\text{Trans}(a,b,c)_Y = \begin{bmatrix} 1 & 0 & 0 & a \\ 0 & \cos\theta & -\sin\theta & b \\ 0 & \sin\theta & \cos\theta & c \\ 0 & 0 & 0 & 1 \end{bmatrix} = \begin{bmatrix} 1 & 0 & 0 & 12 \\ 0 & 0.87 & -0.5 & 6 \\ 0 & 0.5 & 0.87 & 0 \\ 0 & 0 & 0 & 1 \end{bmatrix}$

$${}^B P = \begin{bmatrix} 3 \\ 7 \\ 0 \\ 1 \end{bmatrix}$$

$$\begin{bmatrix} {}^A P \\ 1 \end{bmatrix} = \begin{bmatrix} 1 & 0 & 0 & 12 \\ 0 & 0.87 & -0.5 & 6 \\ 0 & 0.5 & 0.87 & 0 \\ 0 & 0 & 0 & 1 \end{bmatrix} \begin{bmatrix} 3 \\ 7 \\ 0 \\ 1 \end{bmatrix} = \begin{bmatrix} 15 \\ 12.09 \\ 3.5 \\ 1 \end{bmatrix}$$

所以，${}^A P = \begin{bmatrix} 15 \\ 12.09 \\ 3.5 \end{bmatrix}$

模 块 小 结

本模块中，使用了三个任务来学习工业机器人的数学基础。任务一讨论了矩阵的基本理论和常用的运算规律，帮助学生们打好基础。任务二利用坐标系和矩阵的相关知识讨论了机器人的位姿（位置与姿态）如何用数学知识来表示。任务三主要讨论了坐标变换，包括平移坐标变换、旋转坐标变换、复合坐标变换、平移齐次坐标变换、旋转齐次坐标变换。

对于位置描述，需要建立一个坐标系，然后用位置向量来确定坐标空间内任意一点的位置，并用 3×1 列向量表示，称为位置向量。对于姿态描述，也用固接于该物体的坐标系来描述，并用 3×3 的方阵表示。同时，还讨论了刚体对应于 X 轴、Y 轴、Z 轴做旋转角度为 θ 的旋转变换矩阵。机器人位姿就是由位置向量和旋转矩阵共同描述的。

在讨论了平移和旋转坐标变换后，进一步讨论了齐次坐标变换，包括平移齐次坐标变换和旋转齐次坐标变换。这些有关空间点的变换方法，为后期学习空间物体的变换和逆变换建立了基础。

上述结论为研究机器人运动学、动力学、控制建模提供了数学工具。近年来，在研究空间刚体旋转运动时，还使用到了一些新的数学方法，有兴趣的读者可以自行学习。

习　题

1. 用一个描述旋转或平移的变换矩阵来左乘或右乘一个矩阵，所得的结果是否相同？为什么？请举例说明。

2. 已知 $A = \begin{bmatrix} 0 & 1 & 1 & 5 \\ 4 & 8 & 1 & 2 \\ 3 & 7 & 5 & 3 \end{bmatrix}$，求 A^T。

3. 已知 $A = \begin{bmatrix} 0 \\ 4 \\ 3 \end{bmatrix}$，求 A^T。

4. 什么是对角阵？请举例说明。

5. 已知 $A = \begin{bmatrix} 1 & 1 & 5 \\ 8 & 1 & 2 \\ 7 & 5 & 3 \end{bmatrix}$，求它的反对称矩阵。

6. 已知 $A = \begin{bmatrix} 1 & 8 & 3 \\ 2 & 1 & 2 \\ 9 & 2 & 3 \end{bmatrix}$，若该矩阵乘以常数 12，求得到的新矩阵。

7. $A = \begin{bmatrix} 1 & 1 \\ 8 & 1 \\ 7 & 5 \end{bmatrix}$ 和 $B = \begin{bmatrix} 12 & 0 \\ 2 & 4 \\ 0 & 0 \end{bmatrix}$ 是否能够相乘？为什么？

试求 $A+B$ 和 $A-B$。

8. 已知 $A = \begin{bmatrix} 1 & 1 \\ 8 & 1 \\ 7 & 5 \end{bmatrix}$ 和 $B = \begin{bmatrix} 12 & 0 \\ 2 & 4 \end{bmatrix}$，求 $A \times B$ 和 $B \times A$。

9. 尝试表示图 2-24 中的 P 点。

10. 用不同形式来表示图 2-24 中的向量 $\overrightarrow{OP}$。

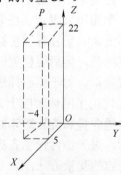

图 2-24　题 9、题 10 图

11. 分别描述图 2-25 中坐标 $\{B\}$ 相对于参考坐标 $\{A\}$ 的姿态。$\theta = 60°$。

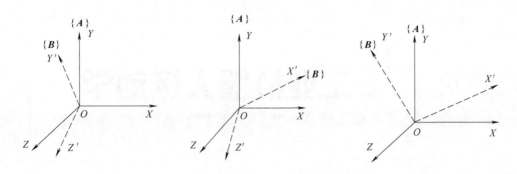

图 2-25 题 11 图

12. 已知坐标系$\{B\}$的初始位置与$\{A\}$重合，将坐标系$\{B\}$相对于坐标系$\{A\}$的X_A轴移动 1 个单位，并沿Z_A轴移动 7 个单位。求位置矢量$^A P_B$。若点P在坐标系$\{B\}$中的描述为$^B P = \begin{bmatrix} 11 \\ 31 \\ 7 \end{bmatrix}$，求点$P$在坐标系$\{A\}$中的描述$^A P$。

13. 已知坐标系$\{B\}$的初始位置与$\{A\}$重合，将坐标系$\{B\}$相对于坐标系$\{A\}$的Z_A轴旋转 135°。求旋转矩阵$^A_B R$。若点P在坐标系$\{B\}$中的描述为$^B P = \begin{bmatrix} 28 \\ 13 \\ 11 \end{bmatrix}$，求点$P$在坐标系$\{A\}$中的描述$^A P$。

14. 已知坐标系$\{B\}$的初始位置与$\{A\}$重合，先将坐标系$\{B\}$相对于坐标系$\{A\}$的X_A轴旋转 90°，再将坐标系$\{B\}$相对于坐标系$\{A\}$的X_A轴移动 3 个单位，并沿Y_A轴移动 13 个单位。求旋转矩阵$^A_B R$。若点P在坐标系$\{B\}$中的描述为$^B P = \begin{bmatrix} 13 \\ 11 \\ 7 \end{bmatrix}$，求点$P$在坐标系$\{A\}$中的描述$^A P$。

15. 已知坐标系$\{B\}$的初始位置与$\{A\}$重合，先将坐标系$\{B\}$相对于坐标系$\{A\}$的X_A轴旋转 90°，再将坐标系$\{B\}$相对于坐标系$\{A\}$的X_A轴移动 3 个单位，并沿Y_A轴移动 13 个单位。求旋转矩阵$^A_B R$。若点P在坐标系$\{A\}$中的描述为$^A P = \begin{bmatrix} 13 \\ 11 \\ 7 \end{bmatrix}$，求点$P$在坐标系$\{B\}$中的描述$^B P$。（注意$\{A\}$和$\{B\}$坐标系的顺序关系）

16. 用齐次坐标变换的方法解决第 14 题。

17. 已知坐标系$\{B\}$的初始位置与$\{A\}$重合，先将坐标系$\{B\}$相对于坐标系$\{A\}$的X_A轴旋转-30°，再将坐标系$\{B\}$相对于坐标系$\{A\}$的X_A轴移动-12 个单位，并沿Y_A轴移动-3 个单位。求旋转矩阵$^A_B R$。若点P在坐标系$\{B\}$中的描述为$^B P = \begin{bmatrix} -3 \\ 7 \\ 10 \end{bmatrix}$，求点$P$在坐标系$\{A\}$中的描述$^A P$。（用齐次坐标解决）

模块三　工业机器人运动学

工业机器人运动学主要包括正向运动学和逆向运动学两类问题。正向运动学是在已知各个关节变量的前提下，解决如何建立工业机器人运动学方程，以及如何求解手部相对固定坐标系位姿的问题。逆向运动学则是在已知手部要到达目标位姿的前提下，解决如何求出关节变量的问题。逆向运动学也称为求运动学逆解。

在工业机器人控制中，先根据工作任务的要求确定手部要到达的目标位姿，然后根据逆向运动学求出关节变量，控制器以求出的关节变量为目标值，对各关节的驱动元件发出控制命令，驱动关节运动，使手部到达并呈现目标位姿。可见，工业机器人逆向运动学是工业机器人控制的基础。在后面的介绍中我们会发现，正向运动学又是逆向运动学的基础。

工业机器人相邻连杆之间的相对运动不是旋转运动，就是平移运动，这种运动体现在连接两个连杆的关节上。物理上的旋转运动或平移运动在数学上可以用矩阵代数来表达，这种表达称之为坐标变换。与旋转运动对应的是旋转变换，与平移运动对应的是平移变换。坐标系之间的运动关系可以用矩阵之间的乘法运算来表达。用坐标变换来描述坐标系（刚体）之间的运动关系是工业机器人运动学分析的基础。

在工业机器人运动学分析中要注意下面四个问题：

① 工业机器人操作臂可以看成是一个开式运动链，它是由一系列连杆通过转动或移动关节串联起来的。开链的一端固定在机座上，另一端是自由的。自由端安装着手爪（或工具，统称手部或末端执行器），用以操作物体，完成各种作业。关节变量的改变导致连杆的运动，从而导致手爪位姿的变化。

② 在开链机构简图中，关节符号只表示了运动关系。在实际结构中，关节由驱动器驱动，驱动器一般要通过减速装置（如用电机或马达驱动）或机构（如用油缸驱动）来驱动操作臂运动，实现要求的关节变量。

③ 为了研究操作臂各连杆之间的位移关系，可在每个连杆上固连一个坐标系，然后描述这些坐标系之间的关系。Denavit 和 Hartenberg 提出一种通用的方法，用一个 4×4 的齐次变换矩阵描述相邻两连杆的空间关系，从而推导出"手部坐标系"相对于"固定坐标系"的齐次变换矩阵，建立操作臂的运动方程。

④ 在轨迹规划时，人们最感兴趣的是手部相对于固定坐标系的位姿。

 知识目标

1. 了解点的位置描述。
2. 了解齐次坐标。
3. 了解坐标轴方向的描述。

4. 了解动坐标系的描述。

5. 掌握齐次变换方法。

6. 掌握连杆参数及其齐次变换矩阵。

7. 掌握运动学方程。

 技能目标

1. 会进行对象的齐次坐标表示。

2. 能完成齐次变换。

3. 会搭建机器人运动学方程。

 任务安排

序号	任务名称	任务主要内容
1	工业机器人位姿描述	了解点的位置描述,点的齐次坐标,了解坐标轴方向的描述,了解动坐标系位姿的描述
2	工业机器人正向运动学及实例	熟悉平面关节型工业机器人的运动学方程,斯坦福工业机器人的运动学方程
3	工业机器人逆向运动学及实例	熟悉工业机器人逆向运动求解过程,工业机器人运动学逆解过程中存在三个常见问题

任务1　工业机器人位姿描述

一、任务导入

齐次变换具有较直观的几何意义,非常适合描述坐标系之间的变换关系。另外,齐次变换可以将旋转变换与平移变换用一个矩阵来表达,关系明确,表达简洁。所以常用于解决工业机器人运动学问题。下面先介绍有关齐次坐标和齐次变换的内容。

二、点的位置描述

在选定的直角坐标系$\{A\}$中,空间任一点P的位置可用3×1的位置矢量^AP表示,其左上标代表选定的参考坐标系。如图3-1所示。

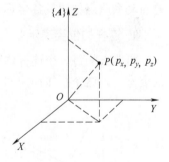

图3-1　坐标系$\{A\}$

$$^AP = \begin{bmatrix} p_x \\ p_y \\ p_z \end{bmatrix}$$

三、点的齐次坐标

如果用四个数组成4×1列阵表示三维空间直角坐标系$\{A\}$中点P,则该列阵称为三维空间点P的齐次坐标,如下:

点的齐次坐标

$$P = \begin{bmatrix} p_x \\ p_y \\ p_z \\ 1 \end{bmatrix}$$

必须注意，齐次坐标的表示不是唯一的。将其各元素同乘一个非零因子 ω 后，仍然代表同一点 P，即

$$P = [p_x \quad p_y \quad p_z \quad 1]^T = [a \quad b \quad c \quad \omega]^T$$

其中：$a = \omega p_x$，$b = \omega p_y$，$c = \omega p_z$。

四、坐标轴方向的描述

用 i、j、k 分别表示直角坐标系中 X、Y、Z 坐标轴的单位向量，用齐次坐标来描述 X、Y、Z 轴的方向，则有

$$X = [1 \quad 0 \quad 0 \quad 0]^T，\quad Y = [0 \quad 1 \quad 0 \quad 0]^T，\quad Z = [0 \quad 0 \quad 1 \quad 0]^T$$

从上可知，规定：

4×1 列阵 $[a \quad b \quad c \quad 0]^T$ 中第四个元素为零，且 $a^2 + b^2 + c^2 = 1$，则表示某轴（某矢量）的方向。

4×1 列阵 $[a \quad b \quad c \quad \omega]^T$ 中第四个元素不为零，则表示空间某点的位置。

五、动坐标系位姿的描述

在机器人坐标系中，运动时相对于连杆不动的坐标系称为静坐标系，简称静系；跟随连杆运动的坐标系称为动坐标系，简称为动系。动系位置与姿态的描述称为动系的位姿表示，是对动系原点位置及各坐标轴方向的描述，现以下述实例说明之。

1. 连杆的位姿表示

机器人的每一个连杆均可视为一个刚体，若给定了刚体上某一点的位置和该刚体在空间的姿态，则这个刚体在空间上是唯一确定的，可用唯一一个位姿矩阵进行描述。

设有一个机器人的连杆，若给定了连杆 PQ 上某点的位置和该连杆在空间的姿态，则称该连杆在空间是完全确定的。

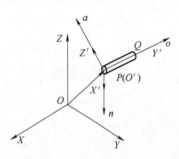

图 3-2　连杆的位姿表示

如图 3-2 所示，O' 为连杆上任一点，$O'X'Y'Z'$ 为与连杆固接的一个动坐标系，即为动系。连杆 PQ 在固定坐标系 $OXYZ$ 中的位置可用一齐次坐标表示为

$$P = [X_0 \quad Y_0 \quad Z_0 \quad 1]^T$$

连杆的姿态可由动系的坐标轴方向来表示。令 n、o、a 分别为 X'、Y'、Z' 坐标轴的单位矢量，各单位方向矢量在静系上的分量为动系各坐标轴的方向余弦，以齐次坐标形式分别表示为

$$n = [n_x \quad n_y \quad n_z \quad 0]^T$$

$$o = \begin{bmatrix} o_x & o_y & o_z & 0 \end{bmatrix}^T$$

$$a = \begin{bmatrix} a_x & a_y & a_z & 0 \end{bmatrix}^T$$

由此可知，连杆的位姿可用下述齐次矩阵表示：

$$d = [n \quad o \quad a \quad p] = \begin{bmatrix} n_x & o_x & a_x & X_0 \\ n_y & o_y & a_y & Y_0 \\ n_z & o_z & a_z & Z_0 \\ 0 & 0 & 0 & 1 \end{bmatrix}$$

例 3-1 图 3-3 中表示固连于连杆的坐标系{B}位于 O_B 点，$X_B=2$，$Y_B=1$，$Z_B=0$。在 *XOY* 平面内，坐标系{B}相对固定坐标系{A}有一个 30° 的偏转，试写出表示连杆位姿的坐标系{B}的 4×4 矩阵表达式。

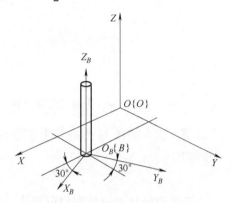

图 3-3 动坐标系{B}的位姿表示

解 X_B 的方向列阵

$$n = \begin{bmatrix} \cos 30° & \cos 60° & \cos 90° & 0 \end{bmatrix}^T$$

$$= \begin{bmatrix} 0.866 & 0.500 & 0.000 & 0 \end{bmatrix}^T$$

Y_B 的方向列阵

$$o = \begin{bmatrix} \cos 120° & \cos 30° & \cos 90° & 0 \end{bmatrix}^T$$

$$= \begin{bmatrix} -0.500 & 0.866 & 0.000 & 0 \end{bmatrix}^T$$

Z_B 的方向列阵 $a = \begin{bmatrix} 0.000 & 0.000 & 1.000 & 0 \end{bmatrix}^T$

坐标系{B}的位置阵列 $P = \begin{bmatrix} 2 & 1 & 0 & 1 \end{bmatrix}^T$

则动坐标系{B}的 4×4 矩阵表达式为

$$T = \begin{bmatrix} 0.866 & -0.500 & 0.000 & 2.0 \\ 0.500 & 0.866 & 0.000 & 1.0 \\ 0.000 & 0.000 & 1.000 & 0.0 \\ 0 & 0 & 0 & 1 \end{bmatrix}$$

2. 手部的位姿表示

机器人手部的位置和姿态也可以用固连于手部的坐标系{B}的位姿来表示，如图 3-4 所示。坐标系{B}可以这样来确定：取手部的中心点为原点 O_B；关节轴为 Z_B 轴，Z_B 轴的单位方向矢量 *a* 称为接近矢量，指向朝外；两手指的连线为 Y_B 轴，Y_B 轴的单位方向矢量 *o* 称为姿态矢量，指向可任意选定；X_B 轴与 Y_B 轴及 Z_B 轴垂直，X_B 轴的单位方向矢量 *n* 称为法向矢量，且 $n=o\times a$，指向符合右手法则。

机器人的手部动作

手部的位置矢量为固定参考系原点指向手部坐标系{B}原点的矢量 *P*，手部的方向矢量为 *n*、*o*、*a*。于是手部的位姿可用 4×4 矩阵表示为

$$T = [n \quad o \quad a \quad P] = \begin{bmatrix} n_X & o_X & a_X & P_X \\ n_Y & o_Y & a_Y & P_Y \\ n_Z & o_Z & a_Z & P_Z \\ 0 & 0 & 0 & 1 \end{bmatrix}$$

例 3-2 图 3-5 表示手部抓握物体 Q，物体是边长为 2 个单位的正立方体，写出表达该手部位姿的矩阵表达式。

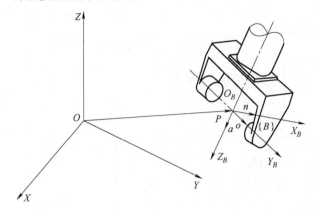

图 3-4　手部的位姿表示　　　　　　　　图 3-5　抓握物体 Q 的手部

解 因为物体 Q 形心与手部坐标系 $O'X'Y'Z'$ 的坐标原点 O' 相重合，则手部位置的 $4{\times}1$ 列阵为

$$P = \begin{bmatrix} 1 & 1 & 1 & 1 \end{bmatrix}^{\mathrm{T}}$$

手部坐标系 X' 轴的方向可用单位矢量 n 来表示：

n：$\alpha=90°$，$\beta=180°$，$\gamma=90°$

$n_X=\cos\alpha=0$，$n_Y=\cos\beta=-1$，$n_Z=\cos\gamma=0$

同理，手部坐标系 Y' 轴与 Z' 轴的方向可分别用单位矢量 o 和 a 来表示：

o：$o_X=-1$，$o_Y=0$，$o_Z=0$

a：$a_X=0$，$a_Y=0$，$a_Z=-1$

手部位姿可用矩阵表示为

$$T = \begin{bmatrix} n & o & a & P \end{bmatrix} = \begin{bmatrix} 0 & -1 & 0 & 1 \\ -1 & 0 & 0 & 1 \\ 0 & 0 & -1 & 1 \\ 0 & 0 & 0 & 1 \end{bmatrix}$$

3. 目标物位姿的描述

如图 3-6 所示，楔块 Q 在图 3-6（a）所示位置，其位置和姿态可用 8 个点描述，矩阵表达式为

$$Q = \begin{bmatrix} 1 & -1 & -1 & 1 & 1 & -1 & -1 & 1 \\ 0 & 0 & 2 & 2 & 0 & 0 & 2 & 2 \\ 0 & 0 & 0 & 0 & 2 & 2 & 1 & 1 \\ 1 & 1 & 1 & 1 & 1 & 1 & 1 & 1 \end{bmatrix}$$

若让楔块绕 Z 轴旋转 $-90°$，用 Rot（Z，$-90°$）表示，再沿 X 轴方向平移 4，用 Trans（4，0，0）表示，则楔块成为图 3-6（b）所示的情况。此时楔块用新的 8 个点来描述它的位置和姿态，其矩阵表达式为

$$\boldsymbol{Q}' = \begin{bmatrix} 4 & 4 & 6 & 6 & 4 & 4 & 6 & 6 \\ -1 & 1 & 1 & -1 & -1 & 1 & 1 & -1 \\ 0 & 0 & 0 & 0 & 2 & 2 & 1 & 1 \\ 1 & 1 & 1 & 1 & 1 & 1 & 1 & 1 \end{bmatrix}$$

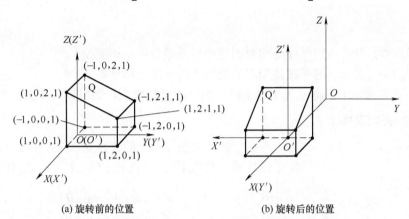

(a) 旋转前的位置　　　　　　　(b) 旋转后的位置

图 3-6　目标物的位置和姿态描述

六、齐次变换和运算

受机械结构和运动副的限制，工业机器人中被视为刚体的连杆的运动一般包括平移运动、旋转运动和平移加旋转运动。把每次简单的运动用一个变换矩阵来表示，那么，多次运动即可用多个变换矩阵的积来表示，表示这个积的矩阵称为齐次变换矩阵。这样，用连杆的初始位姿矩阵乘以齐次变换矩阵，即可得到经过多次变换后该连杆的最终位姿矩阵。通过多个连杆位姿的传递，可以得到机器人末端执行器的位姿，即进行机器人正运动学的讨论。

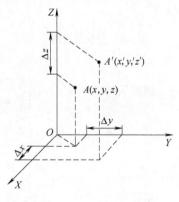

图 3-7　点的平移变换

1. 平移的齐次变换

如图 3-7 所示为空间某一点在直角坐标系中的平移，由 A (x, y, z) 平移至 A' (x', y', z')，即

$$\left.\begin{array}{l} x' = x + \Delta x \\ y' = y + \Delta y \\ z' = z + \Delta z \end{array}\right\}$$

或写成

$$\begin{bmatrix} x' \\ y' \\ z' \\ 1 \end{bmatrix} = \begin{bmatrix} 1 & 0 & 0 & \Delta x \\ 0 & 1 & 0 & \Delta y \\ 0 & 0 & 1 & \Delta z \\ 0 & 0 & 0 & 1 \end{bmatrix} \begin{bmatrix} x \\ y \\ z \\ 1 \end{bmatrix}$$

记为：$a' = \mathrm{Trans}\,(\Delta x, \Delta y, \Delta z)\,a$

其中，Trans（Δx，Δy，Δz）称为平移算子，Δx、Δy、Δz 分别表示沿 X、Y、Z 轴的移动量。即：

$$\text{Trans}(\Delta x,\Delta y,\Delta z)=\begin{bmatrix} 1 & 0 & 0 & \Delta x \\ 0 & 1 & 0 & \Delta y \\ 0 & 0 & 1 & \Delta z \\ 0 & 0 & 0 & 1 \end{bmatrix}$$

注：
① 算子左乘：表示点的平移是相对固定坐标系进行的坐标变换。
② 算子右乘：表示点的平移是相对动坐标系进行的坐标变换。
③ 该公式亦适用于坐标系的平移变换、物体的平移变换，如机器人手部的平移变换。

2. 旋转的齐次变换

点在空间直角坐标系中的旋转如图 3-8 所示。A（x, y, z）绕 Z 轴旋转 θ 角后至 A'（x', y', z'），A 与 A'之间的关系为：

$$\left. \begin{array}{l} x' = x\cos\theta - y\sin\theta \\ y' = x\sin\theta + y\cos\theta \\ z' = z \end{array} \right\}$$

推导如下：

因 A 点是绕 Z 轴旋转的，所以把 A 与 A'投影到 XOY 平面内，设 $OA=r$，则

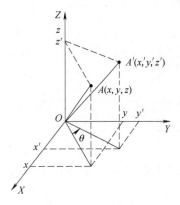

图 3-8 变换示意图

$$\left\{ \begin{array}{l} x = r\cos\alpha \\ y = r\sin\alpha \end{array} \right.$$

同时有

$$\left\{ \begin{array}{l} x' = r\cos\alpha' \\ y' = r\sin\alpha' \end{array} \right.$$

其中，$\alpha' = \alpha$，即

$$\left\{ \begin{array}{l} x' = r\cos(\alpha + \theta) \\ y' = r\sin(\alpha + \theta) \end{array} \right.$$

所以

$$\left\{ \begin{array}{l} x' = r\cos\alpha\cos\theta - r\sin\alpha\sin\theta \\ y' = r\sin\alpha\cos\theta + r\cos\alpha\sin\theta \end{array} \right.$$

即

$$\left\{ \begin{array}{l} x' = x\cos\theta - y\sin\theta \\ y' = y\cos\theta + x\sin\theta \end{array} \right.$$

由于 Z 坐标不变，因此有

$$\left. \begin{array}{l} x' = x\cos\theta - y\sin\theta \\ y' = y\sin\theta + x\cos\theta \\ z' = z \end{array} \right\}$$

写成矩阵形式为:

$$\begin{bmatrix} x' \\ y' \\ z' \\ 1 \end{bmatrix} = \begin{bmatrix} \cos\theta & -\sin\theta & 0 & 0 \\ \sin\theta & \cos\theta & 0 & 0 \\ 0 & 0 & 1 & 0 \\ 0 & 0 & 0 & 1 \end{bmatrix} \begin{bmatrix} x \\ y \\ z \\ 1 \end{bmatrix}$$

记为：$a' = \mathrm{Rot}(z,\theta) \cdot a$

其中，绕 Z 轴旋转算子左乘是相对于固定坐标系，即：

$$\mathrm{Rot}(z,\theta) = \begin{bmatrix} \cos\theta & -\sin\theta & 0 & 0 \\ \sin\theta & \cos\theta & 0 & 0 \\ 0 & 0 & 1 & 0 \\ 0 & 0 & 0 & 1 \end{bmatrix}$$

同理，

$$\mathrm{Rot}(x,\theta) = \begin{bmatrix} 1 & 0 & 0 & 0 \\ 0 & \cos\theta & -\sin\theta & 0 \\ 0 & \sin\theta & \cos\theta & 0 \\ 0 & 0 & 0 & 1 \end{bmatrix}$$

$$\mathrm{Rot}(y,\theta) = \begin{bmatrix} \cos\theta & 0 & \sin\theta & 0 \\ 0 & 1 & 0 & 0 \\ -\sin\theta & 0 & \cos\theta & 0 \\ 0 & 0 & 0 & 1 \end{bmatrix}$$

图 3-9 所示为点 A 绕任意过原点的单位矢量 k 旋转 θ 角的情况。k_x、k_y、k_z 分别为 k 矢量在固定参考坐标轴 X、Y、Z 上的三个分量，且 $k_x^2 + k_y^2 + k_z^2 = 1$。可以证明，其旋转齐次变换矩阵为：

$$\mathrm{Rot}(k,\theta) = \begin{bmatrix} k_x k_x(1-\cos\theta)+\cos\theta & k_y k_x(1-\cos\theta)-k_z\sin\theta & k_z k_x(1-\cos\theta)+k_y\sin\theta & 0 \\ k_x k_y(1-\cos\theta)+k_z\sin\theta & k_y k_y(1-\cos\theta)+\cos\theta & k_z k_y(1-\cos\theta)-k_x\sin\theta & 0 \\ k_x k_z(1-\cos\theta)-k_y\sin\theta & k_y k_z(1-\cos\theta)+k_x\sin\theta & k_z k_z(1-\cos\theta)+\cos\theta & 0 \\ 0 & 0 & 0 & 1 \end{bmatrix}$$

注：① 该式为一般旋转齐次变换通式，概括了绕 X、Y、Z 轴进行旋转变换的情况。反之，当给出某个旋转齐次变换矩阵，则可求得 k 及转角 θ。

② 变换算子公式不仅适用于点的旋转，也适用于矢量、坐标系、物体的旋转。

③ 左乘是相对固定坐标系的变换；右乘是相对动坐标系的变换。

例 3-3 已知坐标系中点 U 的位置矢量 $U = [7\ 3\ 2\ 1]^{\mathrm{T}}$，将此点绕 Z 轴旋转 $90°$，再绕 Y 轴旋转 $90°$，如图 3-10 所示，求旋转变换后所得的点 W。

解 $W = \mathrm{Rot}(Y,90°)\,\mathrm{Rot}(Z,90°)\,U = \begin{bmatrix} 0 & 0 & 1 & 0 \\ 0 & 1 & 0 & 0 \\ -1 & 0 & 0 & 0 \\ 0 & 0 & 0 & 1 \end{bmatrix} \begin{bmatrix} 0 & -1 & 0 & 0 \\ 1 & 0 & 0 & 0 \\ 0 & 0 & 1 & 0 \\ 0 & 0 & 0 & 1 \end{bmatrix} \begin{bmatrix} 7 \\ 3 \\ 2 \\ 1 \end{bmatrix}$

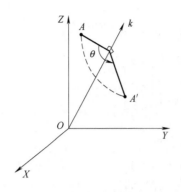

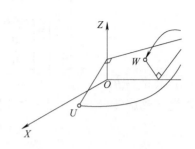

图 3-9　点的一般旋转变换　　　　　　图 3-10　两次旋转变换

3. 工业机器人的连杆参数和齐次变换矩阵

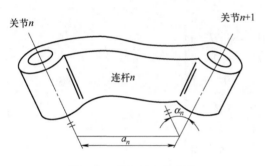

图 3-11　连杆的几何参数

（1）连杆参数及连杆坐标系的建立　以机器人手臂的某一连杆为例。如图 3-11 所示，连杆 n 两端有关节 n 和 $n+1$。描述该连杆可以通过两个几何参数：连杆长度和扭角。由于连杆两端的关节分别有其各自的关节轴线，通常情况下这两条轴线是空间异面直线，那么这两条异面直线的公垂线段的长 a_n 即为连杆长度，这两条异面直线间的夹角 α_n 即为连杆扭角。

如图 3-11 所示，相邻杆件 n 与 $n-1$ 的关系参数可由连杆转角和连杆距离描述。沿关节 n 轴线两个公垂线间的距离 d_n 即为连杆距离；垂直于关节 n 轴线的平面内两个公垂线的夹角 θ_n 即为连杆转角。

这样，每个连杆可以由四个参数来描述，其中两个是连杆尺寸，两个表示连杆与相邻连杆的连接关系。当连杆 n 旋转时，θ_n 随之改变，为关节变量，其他三个参数不变；当连杆进行平移运动时，d_n 随之改变，为关节变量，其他三个参数不变。确定连杆的运动类型，同时根据关节变量即可设计关节运动副，从而进行整个机器人的结构设计。已知各个关节变量的值，便可从基座固定坐标系通过连杆坐标系的传递，推导出手部坐标系的位姿形态。

建立连杆坐标系的规则如下：

① 连杆 n 坐标系的坐标原点位于 $n+1$ 关节轴线上，是关节 $n+1$ 的关节轴线与 n 和 $n+1$ 关节轴线公垂线的交点。

② Z 轴与 $n+1$ 关节轴线重合。

③ X 轴与公垂线重合，从 n 指向 $n+1$ 关节。

④ Y 轴按右手螺旋法则确定。

连杆参数与坐标系的建立如表 3-1 所示。

（2）连杆坐标系之间的变换矩阵　建立了各连杆坐标系后，$n-1$ 系与 n 系之间的变换关系可以用坐标系的平移、旋转来实现。从 $n-1$ 系到 n 系的变换步骤如下：

令 $n-1$ 系绕 Z_{n-1} 轴旋转 θ_n 角，使 X_{n-1} 与 X_n 平行，算子为 Rot (z, θ_n)。

沿 Z_{n-1} 轴平移 d_n，使 X_{n-1} 与 X_n 重合，算子为 Trans $(0, 0, d_n)$。

表 3-1 连杆参数及坐标系

连杆 n 的坐标系 $O_n X_n Y_n Z_n$			
原点 O_n	轴 X_n	轴 Y_n	轴 Z_n
位于关节 $n+1$ 轴线与连杆 n 两关节轴线的公垂线的交点处	沿连杆 n 两关节轴线之公垂线，并指向 $n+1$ 关节	根据轴 X_n、Z_n 按右手法则确定	与关节 $n+1$ 轴线重合
连杆的参数			
名称	含义	正负	性质
转角 θ_n	连杆 n 绕关节 n 的 Z_{n-1} 轴的转角	右手法则	关节转动时为变量
距离 d_n	连杆 n 绕关节 n 的 Z_{n-1} 轴的位移	沿 Z_{n-1} 正向为正	关节移动时为变量
长度 a_n	沿 X_n 方向上连杆 n 的长度	与 X_n 正向一致	尺寸参数，常量
扭角 α_n	连杆 n 两关节轴线之间的扭角	右手法则	尺寸参数，常量

沿 X_n 轴平移 a_n，使两个坐标系原点重合，算子为 Trans（a_n, 0, 0）。

绕 X_n 轴旋转 α_n 角，使得 n-1 系与 n 系重合，算子为 Rot（x, α_n）。

该变换过程用一个总的变换矩阵 A_n 来综合表示。上述四次变换时应注意到坐标系在每次旋转或平移后发生了变动，后一次变换都是相对于动系进行的，因此在运算中变换算子应该右乘。于是连杆 n 的齐次变换矩阵为：

$$A_n = \text{Rot}(z, \theta_n)\text{Trans}(0, 0, d_n)\text{Trans}(a_n, 0, 0)\text{Rot}(x, \alpha_n)$$

$$= \begin{bmatrix} c\theta_n & -s\theta_n & 0 & 0 \\ s\theta_n & c\theta_n & 0 & 0 \\ 0 & 0 & 1 & 0 \\ 0 & 0 & 0 & 1 \end{bmatrix} \begin{bmatrix} 1 & 0 & 0 & a_n \\ 0 & 1 & 0 & 0 \\ 0 & 0 & 1 & d_n \\ 0 & 0 & 0 & 1 \end{bmatrix} \begin{bmatrix} 1 & 0 & 0 & 0 \\ 0 & c\alpha_n & -s\alpha_n & 0 \\ 0 & s\alpha_n & c\alpha_n & 0 \\ 0 & 0 & 0 & 1 \end{bmatrix}$$

$$= \begin{bmatrix} c\theta_n & -s\theta_n c\alpha_n & s\theta_n s\alpha_n & a_n c\theta_n \\ s\theta_n & c\theta_n c\alpha_n & -c\theta_n s\alpha_n & a_n s\theta_n \\ 0 & s\alpha_n & c\alpha_n & d_n \\ 0 & 0 & 0 & 1 \end{bmatrix}$$

实际上，很多机器人在设计时，常常使某些连杆参数取特殊值，如使 α_n=0° 或 90°，也有使 d_n=0 或 a_n=0，从而可以简化变换矩阵 A_n 的计算，同时也可简化控制。

任务 2 工业机器人正向运动学及实例

一、任务导入

在研究机器人时我们要对机器人的各个关节进行分析计算，不仅仅要研究关节自己的位置，也要研究关节之间的位姿关系。

机器人运动学包括正向运动学和逆向运动学，正向运动学即给定机器人各关节变量，计算机器人末端的位置姿态；逆向运动学即已知机器人末端的位置姿态，计算机器人对应位置的全部关节变量。

在本任务中，我们将先学习工业机器人的正向运动学。

正向运动

二、工业机器人正向运动学方程及实例

工业机器人正向运动学主要解决正向运动学方程的建立及手部位姿的求解问题。

当为机器人的每个关节建立了连杆坐标系之后，就可以获得相邻两个连杆坐标系之间的变换矩阵 A_i（$i=1，2，\dots，n$。n 为机器人的自由度数），则有下列矩阵

$$T_n = A_1 \cdot A_2 \cdot \dots \cdot A_n \tag{3-1}$$

矩阵 T_n 就是工业机器人手部坐标系相对于固定坐标系的位姿，我们称式（3-1）为机器人正向运动学方程，T_n 是如下的（4×4）矩阵：

$$T_n = [\begin{matrix} n & o & a & p \end{matrix}] = \begin{bmatrix} n_x & o_x & a_x & p_x \\ n_y & o_y & a_y & p_y \\ n_z & o_z & a_z & p_z \\ 0 & 0 & 0 & 1 \end{bmatrix} \tag{3-2}$$

式中，前三列表示手部的姿态，第四列表示手部的位置。

事实上，很多工业机器人在设计时，常常使某些连杆参数取特殊值，使得连杆坐标系比较容易建立，同时，相邻两个连杆坐标系之间的变换矩阵 A_i 也比较容易获得，可以不必非得按照 D—H 法来做。下面通过两个实例来介绍建立工业机器人运动学方程的方法。

1. 平面关节型工业机器人的运动学方程

图 3-12（a）所示为具有一个肩关节、一个肘关节和一个腕关节的 3 自由度 SCARA 型工

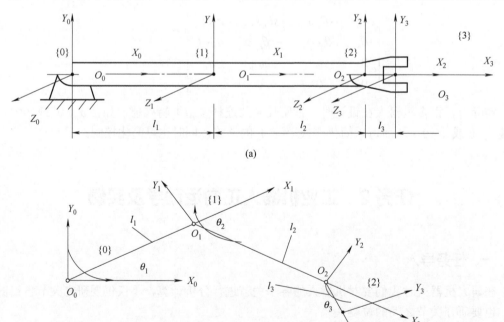

(a)

(b)

图 3-12　SCARA 型工业机器人的坐标系

业机器人。考虑到关节轴线相互平行，并且连杆都在一个平面内的特点，将固定坐标系{0}和连杆1、连杆2、连杆3的坐标系{1}、{2}、{3}分别建立在关节1、关节2、关节3和手部的中心，如图3-12（a）所示。坐标系{3}就是手部坐标系。连杆参数中θ为变量，d、l、α均为常量。建立了连杆坐标系之后，即可列出该工业机器人的连杆参数，如表3-2所示。

表3-2　3自由度SCARA型工业机器人的连杆参数

连杆	转角θ	两连杆之间距离d	连杆长度l	连杆扭角α
连杆1	θ_1	$d_1=0$	$l_1=100$	$\alpha_1=0$
连杆2	θ_2	$d_2=0$	$l_2=100$	$\alpha_2=0$
连杆3	θ_3	$d_3=0$	$l_3=20$	$\alpha_3=0$

该SCARA型工业机器人的运动学方程为：

$$T_3=A_1A_2A_3$$

式中，A_i（$i=1$，2，3）表示坐标系{i}相对于坐标系{$i-1$}的齐次变换矩阵。

由表3-2中每一行的参数可得出齐次变换矩阵A_1、A_2和A_3。因为该SCARA型工业机器人的各连杆之间的关系比较简单，可以参考图3-12（b）直接写出矩阵A_1、A_2和A_3。我们以A_1为例说明其计算方法。{1}系的运动过程是：先沿X_0移动l_1，再绕Z_0转动θ_1，因为转动是相对固定坐标系进行的，所以，Rot（z，θ_1）应该左乘Trans（l_1，0，0）。因此，A_1、A_2和A_3分别为：

$$A_1=\text{Rot}（z，\theta_1）\cdot\text{Trans}（l_1，0，0）$$
$$A_2=\text{Rot}（z，\theta_2）\cdot\text{Trans}（l_2，0，0）$$
$$A_3=\text{Rot}（z，\theta_3）\cdot\text{Trans}（l_3，0，0）$$

即：

$$A_1=\begin{bmatrix}c\theta_1 & -s\theta_1 & 0 & 0\\ s\theta_1 & c\theta_1 & 0 & 0\\ 0 & 0 & 1 & 0\\ 0 & 0 & 0 & 1\end{bmatrix}\begin{bmatrix}1 & 0 & 0 & l_1\\ 0 & 1 & 0 & 0\\ 0 & 0 & 1 & 0\\ 0 & 0 & 0 & 1\end{bmatrix}=\begin{bmatrix}c\theta_1 & -s\theta_1 & 0 & l_1c\theta_1\\ s\theta_1 & c\theta_1 & 0 & l_1s\theta_1\\ 0 & 0 & 1 & 0\\ 0 & 0 & 0 & 1\end{bmatrix}$$

$$A_2=\begin{bmatrix}c\theta_2 & -s\theta_2 & 0 & 0\\ s\theta_2 & c\theta_2 & 0 & 0\\ 0 & 0 & 1 & 0\\ 0 & 0 & 0 & 1\end{bmatrix}\begin{bmatrix}1 & 0 & 0 & l_2\\ 0 & 1 & 0 & 0\\ 0 & 0 & 1 & 0\\ 0 & 0 & 0 & 1\end{bmatrix}=\begin{bmatrix}c\theta_2 & -s\theta_2 & 0 & l_2c\theta_2\\ s\theta_2 & c\theta_2 & 0 & l_2s\theta_2\\ 0 & 0 & 1 & 0\\ 0 & 0 & 0 & 1\end{bmatrix}$$

$$A_3=\begin{bmatrix}c\theta_3 & -s\theta_3 & 0 & 0\\ s\theta_3 & c\theta_3 & 0 & 0\\ 0 & 0 & 1 & 0\\ 0 & 0 & 0 & 1\end{bmatrix}\begin{bmatrix}1 & 0 & 0 & l_3\\ 0 & 1 & 0 & 0\\ 0 & 0 & 1 & 0\\ 0 & 0 & 0 & 1\end{bmatrix}=\begin{bmatrix}c\theta_3 & -s\theta_3 & 0 & l_3c\theta_3\\ s\theta_3 & c\theta_3 & 0 & l_3s\theta_3\\ 0 & 0 & 1 & 0\\ 0 & 0 & 0 & 1\end{bmatrix}$$

因此，可以写出

$$T_3=A_1A_2A_3=\begin{bmatrix}c_{123} & -s_{123} & 0 & l_3c_{123}+l_2c_{12}+l_1c_1\\ s_{123} & c_{123} & 0 & l_3s_{123}+l_2s_{12}+l_1s_1\\ 0 & 0 & 1 & 0\\ 0 & 0 & 0 & 1\end{bmatrix} \tag{3-3}$$

式中：$c_{123}=\cos（\theta_1+\theta_2+\theta_3）$；$s_{123}=\sin（\theta_1+\theta_2+\theta_3）$；$c_{12}=\cos（\theta_1+\theta_2）$；$s_{12}=\sin（\theta_1+\theta_2）$；$c_1=\cos\theta_1$；

$s_1=\sin\theta_1$。（在以后的叙述中，cos 可用 c 表示，sin 可用 s 表示）

T_3 表示手部坐标系{3}（即手部）在固定坐标系中的位置和姿态。

式（3-3）则为图 3-12（a）所示平面关节型工业机器人的正向运动学方程。

当 l_1、l_2、l_3 和转角变量 θ_1、θ_2、θ_3 给定时，可以算出 T_3 的具体数值。如图 3-12（b）所示，设 $l_1=l_2=100$，$l_3=20$；$\theta_1=30°$，$\theta_2=-60°$，$\theta_3=-30°$，则可以根据式（3-3）求出手部的位姿矩阵表达式为：

$$T_3 = \begin{bmatrix} 0.5 & 0.866 & 0 & 183.2 \\ -0.866 & 0.5 & 0 & -17.32 \\ 0 & 0 & 1 & 0 \\ 0 & 0 & 0 & 1 \end{bmatrix}$$

2. 斯坦福工业机器人的运动学方程

图 3-13 和图 3-14 为斯坦福工业机器人简图及研究人员赋给各连杆的坐标系。表 3-3 是研究人员根据设定的坐标系得出的斯坦福工业机器人各连杆的参数。按照表 3-3 中每一行的参数可得出齐次变换矩阵 $A_1 \sim A_6$。

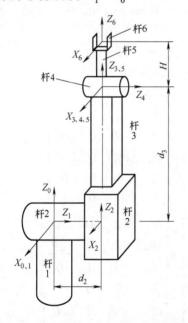

图 3-13 斯坦福工业机器人及连杆坐标系

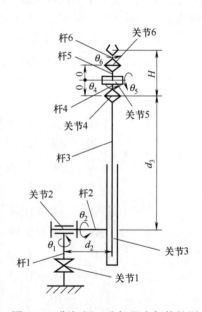

图 3-14 斯坦福工业机器人机构简图

表 3-3 斯坦福工业机器人连杆参数

杆号	关节转角 θ	扭角 α	杆长 l	距离 d
1	θ_1	-90°	0	0
2	θ_2	90°	0	d_2
3	0	0°	0	d_3
4	θ_4	-90°	0	0
5	θ_5	90°	0	0
6	θ_6	0°	0	H

{1}系与{0}系是旋转关节连接，如图 3-15（a）所示。{1}系相对于{0}系的变换过程是：{1}系绕{0}系的 X_0 轴作 α_1=-90°的旋转，然后{1}系绕{0}系的 Z_0 作变量 θ_1 的旋转，所以：

$$A_1 = \text{Rot}(z, \theta_1)\text{Rot}(x, \alpha_1) = \text{Rot}(z, \theta_1)\text{Rot}(x, -90°)$$

$$= \begin{bmatrix} c\theta_1 & -s\theta_1 & 0 & 0 \\ s\theta_1 & c\theta_1 & 0 & 0 \\ 0 & 0 & 1 & 0 \\ 0 & 0 & 0 & 1 \end{bmatrix} \begin{bmatrix} 1 & 0 & 0 & 0 \\ 0 & 0 & 1 & 0 \\ 0 & -1 & 0 & 0 \\ 0 & 0 & 0 & 1 \end{bmatrix} = \begin{bmatrix} c\theta_1 & 0 & -s\theta_1 & 0 \\ s\theta_1 & 0 & c\theta_1 & 0 \\ 0 & -1 & 0 & 0 \\ 0 & 0 & 0 & 1 \end{bmatrix} \quad (3\text{-}4)$$

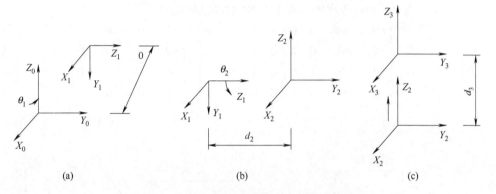

图 3-15 斯坦福机器人手臂坐标系之间的关系

{2}系与{1}系是旋转关节连接，连杆距离为 d_2，如图 3-15（b）所示。{2}系相对于{1}系的变换过程是：{2}系绕{1}系的 X_1 轴作 α_2=90°的旋转，然后{2}系沿着{1}系的 Z_1 轴正向作 d_2 距离的平移，再绕{1}系的 Z_1 轴作变量 θ_2 的旋转，所以：

$$A_2 = \text{Rot}(z, \theta_2)\text{Trans}(0, 0, d_2)\text{Rot}(x, \alpha_2) = \text{Screw}(z, d_2, \theta_2)\text{Rot}(x, 90°)$$

$$= \begin{bmatrix} c\theta_2 & -s\theta_2 & 0 & 0 \\ s\theta_2 & c\theta_2 & 0 & 0 \\ 0 & 0 & 1 & d_2 \\ 0 & 0 & 0 & 1 \end{bmatrix} \begin{bmatrix} 1 & 0 & 0 & 0 \\ 0 & 0 & -1 & 0 \\ 0 & 1 & 0 & 0 \\ 0 & 0 & 0 & 1 \end{bmatrix} = \begin{bmatrix} c\theta_2 & 0 & s\theta_2 & 0 \\ s\theta_2 & 0 & -c\theta_2 & 0 \\ 0 & 1 & 0 & d_2 \\ 0 & 0 & 0 & 1 \end{bmatrix}$$

$$(3\text{-}5)$$

{3}系与{2}系是移动关节连接，如图 3-15（c）所示。坐标系{3}沿着坐标系{2}的 Z_2 轴正向作变量 d_3 的平移。所以：

$$A_3 = \text{Trans}(0, 0, d_3) = \begin{bmatrix} 1 & 0 & 0 & 0 \\ 0 & 1 & 0 & 0 \\ 0 & 0 & 1 & d_3 \\ 0 & 0 & 0 & 1 \end{bmatrix} \quad (3\text{-}6)$$

图 3-16 是斯坦福工业机器人手腕三个关节的示意图，它们都是转动关节，关节变量为 θ_4、θ_5 及 θ_6，并且三个关节的中心重合。下面根据图 3-17 所示手腕坐标系之间的关系写出齐次变换矩阵 $A_4 \sim A_6$。

如图 3-17（a）所示，{4}系相对于{3}系的变换过程是：{4}系绕{3}系的 X_3 轴作 α_4=-90°的旋转，然后绕{3}系的 Z_3 轴作变量 θ_4 的旋转，所以：

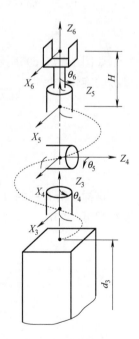

图 3-16 斯坦福工业机器人手腕关节

$$A_4 = \text{Rot}(z, \theta_4)\text{Rot}(x, \alpha_4) == \text{Rot}(z, \theta_4)\text{Rot}(x, -90°)$$

$$= \begin{bmatrix} c\theta_4 & -s\theta_4 & 0 & 0 \\ s\theta_4 & c\theta_4 & 0 & 0 \\ 0 & 0 & 1 & 0 \\ 0 & 0 & 0 & 1 \end{bmatrix} \begin{bmatrix} 1 & 0 & 0 & 0 \\ 0 & 0 & 1 & 0 \\ 0 & -1 & 0 & 0 \\ 0 & 0 & 0 & 1 \end{bmatrix} = \begin{bmatrix} c\theta_4 & 0 & -s\theta_4 & 0 \\ s\theta_4 & 0 & c\theta_4 & 0 \\ 0 & -1 & 0 & 0 \\ 0 & 0 & 0 & 1 \end{bmatrix} \quad (3\text{-}7)$$

如图 3-17（b）所示，{5}系相对于{4}系的变换过程是：{5}系绕{4}系的 X_4 轴作 $\alpha_5 = 90°$ 的旋转，然后绕{4}系的 Z_4 轴作变量 θ_5 的旋转，所以：

$$A_5 = \text{Rot}(z, \theta_5)\text{Rot}(x, \alpha_5) == \text{Rot}(z, \theta_5)\text{Rot}(x, 90°)$$

$$= \begin{bmatrix} c\theta_5 & -s\theta_5 & 0 & 0 \\ s\theta_5 & c\theta_5 & 0 & 0 \\ 0 & 0 & 1 & 0 \\ 0 & 0 & 0 & 1 \end{bmatrix} \begin{bmatrix} 1 & 0 & 0 & 0 \\ 0 & 0 & -1 & 0 \\ 0 & 1 & 0 & 0 \\ 0 & 0 & 0 & 1 \end{bmatrix} = \begin{bmatrix} c\theta_5 & 0 & s\theta_5 & 0 \\ s\theta_5 & 0 & -c\theta_5 & 0 \\ 0 & -1 & 0 & 0 \\ 0 & 0 & 0 & 1 \end{bmatrix} \quad (3\text{-}8)$$

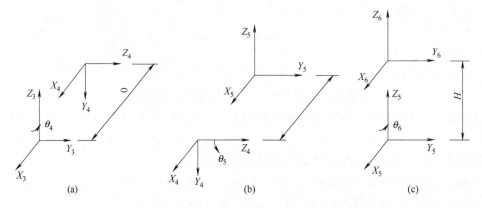

图 3-17　斯坦福工业机器人手腕坐标系之间的关系

如图 3-17（c）所示，{6}系沿着{5}系的 Z_5 轴作距离 H 的平移，并绕{5}系的 Z_5 轴作变量 θ_6 的旋转，所以：

$$A_6 = \text{Screw}(z, H, \theta_6) = \begin{bmatrix} c\theta_6 & -s\theta_6 & 0 & 0 \\ s\theta_6 & c\theta_6 & 0 & 0 \\ 0 & 0 & 1 & H \\ 0 & 0 & 0 & 1 \end{bmatrix} \quad (3\text{-}9)$$

这样，所有杆的 A 矩阵已建立。如果要知道非相邻连杆间的关系，只要用相应的 A 矩阵连乘即可。如：

$$^4T_6 = A_5 A_6 = \begin{bmatrix} c\theta_5 c\theta_6 & -c\theta_5 s\theta_6 & s\theta_5 & Hs\theta_5 \\ s\theta_5 c\theta_6 & -s\theta_5 s\theta_6 & -c\theta_5 & Hc\theta_5 \\ s\theta_6 & c\theta_6 & 1 & 0 \\ 0 & 0 & 0 & 1 \end{bmatrix}$$

$$^3T_6 = A_4 A_5 A_6$$
$$^2T_6 = A_3 A_4 A_5 A_6$$

$$^1T_6 = A_2 A_3 A_4 A_5 A_6$$

斯坦福工业机器人运动学方程为：

$$^0T_6 = A_1 A_2 A_3 A_4 A_5 A_6 \tag{3-10}$$

方程（3-10）右边的结果就是最后一个坐标系——手部坐标系{6}相对于固定坐标系{0}的位置和姿态矩阵，各元素均为 θ_i 和 d_i（$i=1$，2，…，6）的函数。当 θ_i 和 d_i 给出后，可以计算出斯坦福工业机器人手部坐标系{6}的位置 p 和姿态 n、o、a。这就是斯坦福工业机器人手部位姿的解，这个求解过程叫做斯坦福工业机器人运动学正解。

例 3-4 斯坦福工业机器人连杆参数如表 3-3 所示。现已知关节变量为：$\theta_1 = 90°$，$\theta_2 = 90°$，$d_3 = 300mm$，$\theta_4 = 90°$，$\theta_5 = 90°$，$\theta_6 = 90°$，并且，已知工业机器人结构参数 $d_2 = 100mm$，$H = 50mm$。根据斯坦福工业机器人运动学方程式进行正向运动学求解，写出手部位置及姿态（即{6}系相对{0}系的齐次变换矩阵）。

解： 设图 3-18 是斯坦福工业机器人的零位（起始位置），按本例给出的关节变量进行图解，工业机器人手部及各连杆状态如图 3-18 所示。

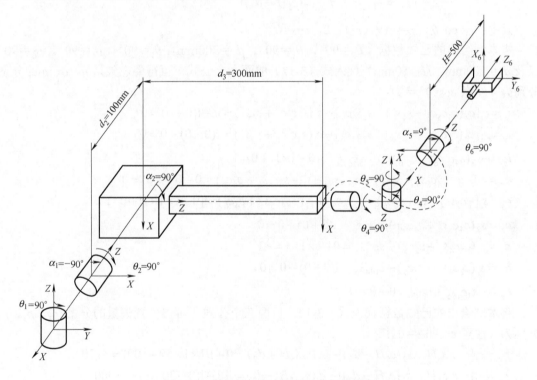

图 3-18　斯坦福机器人手部及各杆件状态

利用式（3-4）～式（3-9）可求得矩阵 A_1、A_2、A_3、A_4、A_5 及 A_6。所以，坐标系{6}的位姿矩阵可根据运动学方程式求出：

$$T_6 = \begin{bmatrix} n_x & o_x & a_x & p_x \\ n_y & o_y & a_y & p_y \\ n_z & o_z & a_z & p_z \\ 0 & 0 & 0 & 1 \end{bmatrix} = A_1 A_2 A_3 A_4 A_5 A_6 \tag{3-11}$$

式中：

$$\begin{cases} n_x = c_1[c_2(c_4c_5c_6 - s_4s_6) - s_2s_5c_6] - s_1(s_4c_5c_6 + c_4s_6) \\ n_y = s_1[c_2(c_4c_5c_6 - s_4s_6) - s_2s_5c_6] + c_1(s_4c_5c_6 + c_4s_6) \\ n_z = -s_2(c_4c_5c_6 - s_4s_6) - c_2s_5c_6 \\ o_x = c_1[-c_2(c_4c_5s_6 + s_4c_6) + s_2s_5s_6] - s_1(-s_4c_5c_6 + c_4s_6) \\ o_y = s_1[-c_2(c_4c_5s_6 + s_4c_6) + s_2s_5s_6] + c_1(-s_4c_5c_6 + c_4s_6) \\ o_z = s_2(c_4c_5s_6 - s_4c_6) + c_2s_5s_6 \\ a_x = c_1(c_2c_4s_5 + s_2c_5) - s_1s_4s_5 \\ a_y = s_1(c_2c_4s_5 + s_2c_5) + c_1s_4s_5 \\ a_z = -s_2s_4s_5 + c_2c_5 \\ p_x = c_1[c_2c_4s_5H - s_2(c_5H - d_3)] - s_1(s_4s_5H + d_2) \\ p_y = s_1[c_2c_4s_5H - s_2(c_5H - d_3)] + c_1(s_4s_5H + d_2) \\ p_z = -[s_2c_4s_5H + c_2(c_5H - d_3)] \end{cases} \tag{3-12}$$

式中：$c_i = \cos\theta_i$，$s_i = \sin\theta_i$（$i = 1$，2，$\cdots$，6）

将本例给出的已知数据（$\theta_1 = 90°$，$\theta_2 = 90°$，$d_3 = 300\text{mm}$，$\theta_4 = 90°$，$\theta_5 = 90°$，$\theta_6 = 90°$ 以及 $d_2 = 100\text{mm}$，$H = 50\text{mm}$）代入式（3-12）前面九个公式，可得姿态矢量 n、o、a 的分量分别为（注意 $\cos90° = 0$）：

$i_x = c_1[c_2(c_4c_5c_6 - s_4s_6) - s_2s_5c_6] - s_1(s_4c_5c_6 + c_4s_6) = 0 - 1(0 + 0) = 0$

$i_y = s_1[c_2(c_4c_5c_6 - s_4s_6) - s_2s_5c_6] + c_1(s_4c_5c_6 + c_4s_6) = 1(0 - 0) + 0 = 0$

$i_z = -s_2(c_4c_5c_6 - s_4s_6) - c_2s_5c_6 = -1(0 - 1 \times 1) + 0 = 1$

$o_x = c_1[-c_2(c_4c_5s_6 + s_4c_6) + s_2s_5s_6] - s_1(-s_4c_5s_6 + c_4c_6) = 0 - 1(0 + 0) = 0$

$o_y = s_1[-c_2(c_4c_5s_6 + s_4c_6) + s_2s_5s_6] + c_1(-s_4c_5s_6 + c_4c_6) = 1[0 + 1 \times 1 \times 1] + 0 = 1$

$o_z = s_2(c_4c_5s_6 + s_4c_6) + c_2s_5s_6 = 1(0 + 0) + 0 = 0$

$a_x = c_1(c_2c_4s_5 + s_2c_5) - s_1s_4s_5 = 0 - 1 \times 1 \times 1 = -1$

$a_y = s_1(c_2c_4s_5 + s_2c_5) + c_1s_4s_5 = 1(0 + 0) + 0 = 0$

$a_z = -s_2c_4s_5 + c_2c_5 = 0 + 0 = 0$

将本例给出的已知数据代入式（3-12）后面三个公式，可得位置矢量的分量 p_x、p_y、p_z 分别为（注意 $\cos90° = 0$）：

$p_x = c_1[c_2c_4s_5H - s_2(c_5H - d_3)] - s_1(s_4s_5H + d_2) = 0 - 1(1 \times 1 \times 50 + 100) = -150$

$p_y = s_1[c_2c_4s_5H - s_2(c_5H - d_3)] + c_1(s_4s_5H + d_2) = 1[0 - 1(0 - 300)] + 0 = 300$

$p_z = -[s_2c_4s_5H + c_2(c_5H - d_3)] = -[0 + 0] = 0$

根据以上计算结果，可以写出手部位姿矩阵的数值解（即{6}系相对{0}系的齐次变换矩阵）为：

$$\boldsymbol{T}_6 = \begin{bmatrix} 0 & 0 & -1 & -150 \\ 0 & 1 & 0 & 300 \\ 1 & 0 & 0 & 0 \\ 0 & 0 & 0 & 1 \end{bmatrix}$$

该（4×4）矩阵即为斯坦福工业机器人在题目给定情况下手部的位姿矩阵，即运动学正解。

假如 $H=0$，姿态矢量 n、o、a 不变，只有位置矢量 p 改变，则有：

$$T_6 = \begin{bmatrix} 0 & 0 & -1 & -100 \\ 0 & 1 & 0 & 300 \\ 1 & 0 & 0 & 0 \\ 0 & 0 & 0 & 1 \end{bmatrix}$$

根据图3-18可以画出{6}系和{0}系的关系如图3-19所示，根据图3-19很容易写出：

$$T_6 = \begin{bmatrix} 0 & 0 & -1 & -150 \\ 0 & 1 & 0 & 300 \\ 1 & 0 & 0 & 0 \\ 0 & 0 & 0 & 1 \end{bmatrix}$$

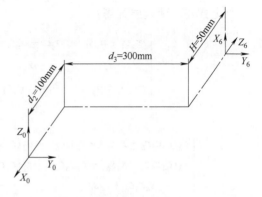

图3-19 斯坦福机器人手部坐标系的位姿

这说明前面的计算正确。

根据上面的计算结果可知，连杆参数中的线性尺寸只引起位置矢量 p 的改变，对姿态矢量 n、o、a 没有影响。这是因为平移不改变坐标系姿态的缘故。

任务3 工业机器人逆向运动学及实例

一、任务导入

在任务2中，我们已经学习了工业机器人的正向运动学。与正向运动学相反，逆向运动学研究的是已知机器人末端的位置姿态，再计算机器人对应位置的全部关节变量。

在实际应用中，我们更常用的是机器人的逆向运动学，在确定了机器人末端的位置后，再计算每一个关节的运动情况。

二、工业机器人逆向运动学方程及实例

上面我们说明了正向求解问题，即给出关节变量 θ 和 d，求出手部位姿各矢量 n、o、a 和 p，这种求解方法只需将关节变量代入运动学方程中即可得出。但在工业机器人控制中，问题往往相反，即在已知手部要到达的目标位姿的情况下如何求出关节变量，以驱动各关节的马达，使手部的位姿得到满足，这就是逆向运动学问题，也称求运动学逆解。

逆向运动

现以斯坦福工业机器人为例来介绍逆向求解的一种方法。为了书写简便，假设 $H=0$，即坐标系{6}与坐标系{5}原点相重合。已知斯坦福工业机器人的运动学方程为：

$$T_6 = A_1 A_2 A_3 A_4 A_5 A_6$$

现在给出 T_6 矩阵及各杆的参数 l、α、d，求关节变量 $\theta_1 \sim \theta_6$，其中 $\theta_3 = d_3$。

（1）求 θ_1

用 A_1^{-1} 左乘式（3-10），得：

$$^1T_6 = A_1^{-1} T_6 = A_2 A_3 A_4 A_5 A_6$$

将上式左右两边展开得：

$$\begin{bmatrix} n_x c_1 + n_y s_1 & o_x c_1 + o_y s_1 & a_x c_1 + a_y s_1 & p_x c_1 + y_y s_1 \\ -n_z & -o_z & -a_z & -p_z \\ -n_x s_1 + n_y c_1 & -o_x s_1 + o_y c_1 & -a_x s_1 + a_y c_1 & -p_x s_1 + p_y c_1 \\ 0 & 0 & 0 & 1 \end{bmatrix}$$

$$= \begin{bmatrix} c_2(c_4 c_5 c_6 - s_4 s_6) - s_2 s_5 c_6 & -c_2(c_4 c_5 s_6 + s_4 c_6) + s_2 s_5 s_6 & c_2 c_4 s_5 + s_2 c_5 & s_2 d_3 \\ s_2(c_4 c_5 c_6 - s_4 s_6) + c_2 s_5 c_6 & -s_2(c_4 c_5 s_6 + s_4 c_6) - c_2 s_5 s_6 & s_2 c_4 s_5 - c_2 c_5 & c_2 d_3 \\ s_4 c_5 c_6 + c_4 s_6 & -s_4 c_5 c_6 + c_4 s_6 & s_4 s_5 & d_2 \\ 0 & 0 & 0 & 1 \end{bmatrix} \quad (3\text{-}13)$$

根据式（3-13）左、右两边之第三行第四列元素相等可得：

$$-p_x s_1 + p_y c_1 = d_2$$

引入中间变量 r 及 ϕ，令

$$p_x = r\cos\phi$$
$$p_y = r\sin\phi$$
$$r = \sqrt{p_x^2 + p_y^2}$$
$$\phi = \arctan\frac{p_y}{p_x}$$

则式（3-13）化为：

$$\cos\theta_1 \sin\phi - \sin\theta_1 \cos\phi = \frac{d_2}{r}$$

利用和差公式，上式又可化为：

$$\sin(\phi - \theta_1) = \frac{d_2}{r}$$

这里，$0 < \dfrac{d_2}{r} \leqslant 1$，$0 < \phi - \theta < \pi$，又因为：

$$\cos(\phi - \theta_1) = \pm\sqrt{1 - (d_2/r)^2}$$

故有：

$$\phi - \theta_1 = \pm\arctan\left(\frac{d_2/r}{\sqrt{1 - (d_2/r)^2}}\right) = \pm\arctan\left(\frac{d_2}{\sqrt{r^2 - d_2^2}}\right)$$

所以：

$$\theta_1 = \arctan\left(\frac{p_y}{p_x}\right) \mp \arctan\left(\frac{d_2}{\sqrt{r^2 - d_2^2}}\right) \quad (3\text{-}14)$$

这里，"+"号对应右肩位姿，"-"号对应左肩位姿。

（2）求 θ_2

根据式（3-12）左、右两边第一行第四列相等和第二行第四列相等可得：

$$\begin{cases} p_x c_1 + p_y s_1 = s_2 d_3 \\ -p_z = -c_2 d_3 \end{cases} \tag{3-15}$$

故：

$$\theta_2 = \arctan\left(\frac{p_x c_1 + p_y s_1}{p_z}\right) \tag{3-16}$$

（3）求 θ_3

在斯坦福工业机器人中 $\theta_3 = d_3$，利用 $\sin^2\theta + \cos^2\theta = 1$，由式（3-16）可解得：

$$d_3 = s_2(p_x c_1 + p_y s_1) + p_z c_2 \tag{3-17}$$

（4）求 θ_4

因为 θ_1、θ_2、d_3 已经求出，利用式（3-14）～式（3-16）可以求得矩阵 A_1、A_2、A_3，从而求得 $^3T_6 = A_3^{-1} A_2^{-1} A_1^{-1} T_6$。

由于 $^3T_6 = A_4 A_5 A_6$，所以：

$$A_4^{-1} \cdot {}^3T_6 = A_5 A_6 \tag{3-18}$$

将式（3-18）左、右两边展开后取其左、右两边第三行第三列相等，得：

$$-s_4[c_2(a_x c_1 + a_y s_1) - a_z s_2] + c_4(-a_x s_1 + a_y c_1) = 0$$

所以：

$$\theta_4 = \arctan\left(\frac{-a_x s_1 + a_y c_1}{c_2(a_x c_1 + a_y s_1) - a_z s_2}\right) \tag{3-19}$$

$$\text{及} \qquad \theta_4 = \theta_4 + 180°$$

（5）求 θ_5

取式（3-18）展开式左、右两边第一行第三列相等及第二行第三列相等，有：

$$\begin{cases} c_4[c_2(a_x c_1 + a_y s_1) - a_z s_2] + s_4(-a_x s_1 + a_y c_1) = s_5 \\ s_2(a_x c_1 + a_y s_1) + a_z c_2 = c_5 \end{cases}$$

所以：

$$\theta_5 = \arctan\left(\frac{c_4[c_2(a_x c_1 + a_y s_1) - a_z s_2] + s_4(-a_x s_1 + a_y c_1)}{s_2(a_x c_1 + a_y s_1) + a_z c_2}\right) \tag{3-20}$$

（6）求 θ_6

采用下列方程：

$$A_5^{-1} \cdot {}^4T_6 = A_6 \tag{3-21}$$

展开并取其左、右两边第一行第二列相等及第二行第二列相等，有：

$$\begin{cases} s_6 = -c_5\{c_4[c_2(o_x c_1 + o_y s_1) - o_z s_2] + s_4(-o_x s_1 + o_y c_1)\} + s_5[s_2(o_x c_1 + o_y s_1) + o_z c_2] \\ c_6 = -s_4[c_2(o_x c_1 + o_y s_1) - o_z s_2] + c_4(-o_x s_1 + o_y c_1) \end{cases}$$

所以：

$$\theta_6 = \arctan\left(\frac{s_6}{c_6}\right) \qquad (3\text{-}22)$$

至此，θ_1、θ_2、d_3、θ_4、θ_5、θ_6 全部求出。

从以上解的过程看出，这种方法就是将一个未知数由矩阵方程的右边移向左边，使其与其他未知数分开，解出这个未知数，再把下一个未知数移到左边，重复进行，直至解出所有未知数，所以这种方法也叫分离变量法。这是代数法的一种，它的特点是首先利用运动方程的不同形式，找出矩阵中简单表达某个未知数的元素，力求得到未知数较少的方程，然后求解。

还应注意到工业机器人运动学逆解问题的求解存在如下三个问题。

1. 解可能不存在

工业机器人具有一定的工作域，假如给定手部位置在工作域之外，则解不存在。图 3-20 所示二自由度平面关节机械手，假如给定手部位置矢量（x，y）位于外半径为 l_1+l_2 与内半径为 $|l_1-l_2|$ 的圆环之外，则无法求出逆解 θ_1 及 θ_2，即该逆解不存在。

2. 解的多重性

工业机器人的逆运动学问题可能出现多解。图 3-21（a）表示一个二自由度平面关节机械手出现两个逆解的情况。对于给定的在工业机器人工作域内的手部位置 A（x，y）可以得到两个逆解：θ_1、θ_2 及 θ_1'、θ_2'。从图 3-21

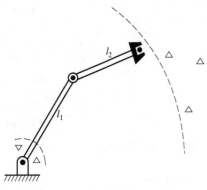

图 3-20 工作域外逆解不存在

（a）可知手部是不能以任意方向到达目标点 A 的。增加一个手腕关节自由度，如图 3-21（b）所示，三自由度平面关节机械手即可实现手部以任意方向到达目标点 A。

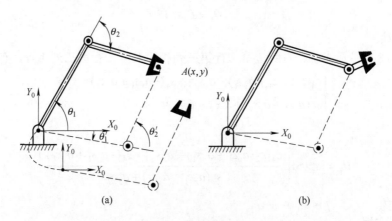

(a)

(b)

图 3-21 逆解的多重性

在多解情况下，一定有一个最接近解，即最接近起始点的解。图 3-22（a）表示 3R 机械手的手部从起始点 A 运动到目标点 B，完成实线所表示的解为最接近解，是一个"最短行程"的优化解。但是，如图 3-22（b）所示，在有障碍存在的情况下，上述的最接近解会引起碰撞，只能采用另一解，如图 3-22（b）中实线所示。尽管大臂、小臂将经过"遥远"的行程，为了避免碰撞也只能用这个解，这就是解的多重性带来可供选择的好处。

关于解的多重性的另一实例如图 3-23 所示。PUMA560 工业机器人实现同一目标位置和姿态有四种形位，即四种解。另外，腕部的"翻转"又可能得出两种解，其排列组合共可能有 8 种解。

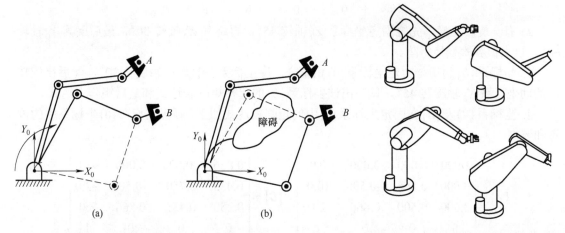

图 3-22　避免碰撞的一个可能实现的解　　　图 3-23　PUMA560 机器人的四个逆解

3. 求解方法的多样性

工业机器人逆运动学求解有多种方法，一般分为两类：封闭解和数值解。不同学者对同一工业机器人的运动学逆解也提出不同的解法。应该从计算方法的计算效率、计算精度等要求出发，选择较好的解法。

实际上，由于关节的活动范围的限制，机器人有多组解时，可能有某些解不能达到。一般来说，非零的连杆的参数越多，达到某一目标的方式越多，运动学逆解的数目越多。所以，应该根据具体情况，在避免碰撞的前提下，按"最短行程"的原则来择优，即使每个关节的移动量最小。又由于工业机器人连杆的尺寸大小不同，因此应遵循"多移动小关节，少移动大关节"的原则。

模 块 小 结

在本模块中，学习了工业机器人的位姿描述分为三个任务：工业机器人位姿描述、工业机器人正向运动学及实例、工业机器人逆向运动学及实例。

在实际应用中，机器人的运动是复杂的，关系到多个关节。当确定了机器人的末端位置后，机器人的每一个关节运动的角度都需要计算和分析。在分析机器人的运动时，逆向运动学是最常用的，但是正向运动学是逆向运动学的基础。

习　　题

1. 点矢量 v 为[10.00　20.00　30.00]^T，相对参考系作如下齐次变换，写出变换后点矢量 v

的表达式。并说明是什么性质的变换，写出 Rot（?，?），Tran（?，?，?）。

$$A = \begin{bmatrix} 0.866 & -0.500 & 0.000 & 11.0 \\ 0.500 & 0.866 & 0.000 & -3.0 \\ 0.000 & 0.000 & 1.000 & 9.0 \\ 0 & 0 & 0 & 1 \end{bmatrix}$$

2. 有一旋转变换，先绕固定坐标系 Z_0 轴转 45°，再绕其 X_0 轴转 30°，最后绕其 Y_0 轴转 60°，试求该齐次变换矩阵。

3. 坐标系{B}起初与固定坐标系{0}相重合，现坐标系{B}绕 Z_B 轴旋转 30°，然后绕旋转后的动坐标系 X_B 轴旋转 45°，试写出该坐标系{B}的起始矩阵表达式和最后矩阵表达式。

4. 坐标系{A}及{B}在固定坐标系{0}中的矩阵表达式如下，画出它们在{0}坐标系中的位置和姿态。

$$\{A\} = \begin{bmatrix} 1.000 & 0.000 & 0.000 & 0.0 \\ 0.000 & 0.866 & -0.500 & 10.0 \\ 0.000 & 0.500 & 0.866 & -20.0 \\ 0 & 0 & 0 & 1 \end{bmatrix} \quad \{B\} = \begin{bmatrix} 0.866 & -0.500 & 0.000 & -3.0 \\ 0.433 & 0.750 & -0.500 & -3.0 \\ 0.250 & 0.433 & 0.866 & 3.0 \\ 0 & 0 & 0 & 1 \end{bmatrix}$$

5. 写出齐次变换矩阵 ${}_B^A H$，它表示坐标系{B}连续相对固定坐标系{A}作以下变换：（1）绕 Z_A 轴旋转 90°；（2）绕 X_A 轴旋转-90°；（3）移动$[3，7，9]^T$。

6. 写出齐次变换矩阵 ${}_B^B H$，它表示坐标系{B}连续相对自身运动坐标系{B}作以下变换：（1）移动$[3，7，9]^T$；（2）绕 X_B 轴旋转-90°；（3）绕 Z_B 轴旋转 90°。

7. 图 3-24（a）表示两个楔形物体，试用两个变换序列分别表示两个楔形物体的变换过程，使最后的状态如图 3-24（b）所示。

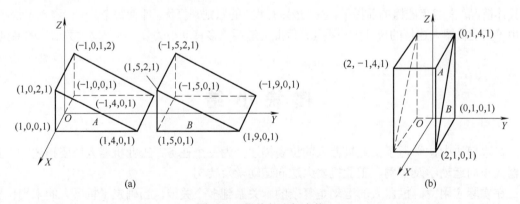

图 3-24 楔块的坐标变换

8. 如图 3-25 所示二自由度平面机械手，关节 1 为转动关节，关节变量为 θ_1；关节 2 为移动关节，关节变量为 d_2。

（1）建立关节坐标系，并写出该机械手的运动方程式。

（2）按下列关节变量参数，求出手部中心的位置值。

θ_1	0°	30°	60°	90°
d_2/m	0.50	0.80	1.00	0.70

9. 如图 3-25 所示二自由度平面机械手，已知手部中心坐标值为 X、Y。求该机械手运动方程的逆解 θ_1 及 d_2。

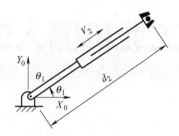

图 3-25 二自由度机械手

10. 三自由度机械手如图 3-26 所示，臂长为 l_1 和 l_2，手部中心离手腕中心的距离为 H，转角为 θ_1、θ_2、θ_3，试建立杆件坐标系，并推导出该机械手的运动学方程。

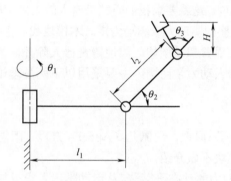

图 3-26 三自由度机械手

11. 图 3-27 为一个二自由度的机械手，两连杆长度均为 1m，试建立各杆件坐标系，求出 A_1、A_2 及该机械手的运动学逆解。

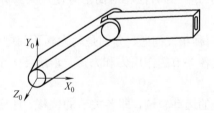

图 3-27 二自由度机械手

12. 什么是机器人运动学逆解的多重性？

模块四　工业机器人动力学

工业机器人动力学是研究机器人运动特性与力之间关系的学问。工业机器人是一种主动的机械装置，要求每个自由度都可以自由运动，因此，机器人每个关节都需要单独的动力来驱动，即机器人各关节必须要有足够大的力和力矩来驱动，使其达到期望的速度和加速度，否则，机器人无法完成运动和精确定位。这就要求我们研究机器人的动力学问题，建立机器人动力学方程，来计算每个驱动器所需要的驱动力或驱动力矩。本模块我们主要学习机器人的动力学。

一般来说，工业机器人手臂都是刚体，柔性臂机器人除外，其动力学问题，属于多刚体动力学。分析研究工业机器人动力学问题，主要采用以下两种理论：

① 牛顿-欧拉方程法；

② 拉格朗日方程法。

此外，还有高斯（Gauss）原理、阿佩儿（Appel）方程、凯恩（Kane）法和旋量对偶数法等动力学分析理论，本模块不做介绍。

牛顿-欧拉方程法是一种力的动态平衡法，从运动学出发求得加速度，再消去各内作用力，推导出机器人所需驱动力和力矩。该方法只适用简单系统，由于工业机器人是一个质量三维分布、多自由度的复杂系统，采用这种方法分析起来相对比较复杂和麻烦。

拉格朗日方程法是一种功能平衡法，只需要计算机器人构件的速度，仅仅基于能量项，推导出机器人所需驱动力和力矩。该方法相对简洁方便，大部分机器人动力学问题都采用拉格朗日方程法求解。

研究机器人动力学，有两种相反问题，分别是动力学正问题和动力学反问题，具体如下。

① 正问题：已知机器人各关节的作用力和力矩，求解各关节的位移、速度和加速度，最终求解运动轨迹。

② 反问题：已知机器人的运动轨迹，即各关节的位移、速度和加速度，求各个关节所需要的驱动力和力矩。

知识目标

1. 了解研究机器人动力学作用和意义。

2. 了解机器人动力学解决的问题类型。

3. 掌握牛顿-欧拉方程原理和应用。

4. 掌握拉格朗日方程原理和应用。

技能目标

1. 会建立牛顿-欧拉方程推导机器人各关节需要的驱动力和力矩。

2. 会建立拉格朗日方程推导机器人各关节需要的驱动力和力矩。

 任务安排

任务	任务名称	任务主要内容
1	牛顿-欧拉方程	了解牛顿-欧拉方程 学习惯量矩阵 掌握牛顿-欧拉方程建立和推导方法 会用牛顿-欧拉方程计算机器人驱动力
2	拉格朗日方程	了解拉格朗日方程 掌握拉格朗日方程建立和推导方法 会用拉格朗日方程计算机器人驱动力

任务 1　牛顿-欧拉方程

一、任务导入

什么是牛顿-欧拉方程概述呢？

刚体的运动由两部分组成，分别是质心的平动和绕质心的转动，其中质心的平动问题，可以用牛顿方程来定义；绕质心的转动问题，可以用欧拉方程定义。

牛顿-欧拉方程法原理是，将机器人的每个杆件看成刚体，并确定每个杆件质心的位置和表征其质量分布的惯量矩阵。当确定机器人坐标系后，根据机器人关节速度和加速度，可以从机器人机座开始向手部杆件正向递推出每个杆件在自身坐标系中的速度和加速度，再用牛顿-欧拉方程得到机器人每个杆件上的惯性力和惯性力矩，然后再从机器人末端关节开始向机座处的第一个关节逆向递推出机器人每个关节上承受的力和力矩，最终得到机器人每个关节所需要的驱动力或力矩，这样就确定了机器人关节的驱动力或力矩与关节位移、速度和加速度之间的函数关系，即建立了机器人的动力学方程。

二、惯量矩阵

如图 4-1 所示，设刚体的质量为 m，以质心为原点的随体坐标系 $Cxyz$ 下的惯量矩阵 I_C 由六个量组成，表示为：

$$I_c = \begin{bmatrix} I_{xx} & -I_{xy} & I_{xz} \\ -I_{xy} & I_{yy} & -I_{yz} \\ -I_{xz} & -I_{yz} & I_{zz} \end{bmatrix}$$

惯量矩阵

式中：

$$I_{xx} = \sum m_i(y_i^2 + z_i^2) = \int (y^2 + z^2)\,dm$$

$$I_{yy} = \sum m_i(z_i^2 + x_i^2) = \int (z^2 + x^2)\,dm$$

$$I_{zz} = \sum m_i(x_i^2 + y_i^2) = \int (x^2 + y^2)\mathrm{d}m$$

$$I_{xy} = I_{yx} = \sum m_i x_i y_i = \int x_i y_i \mathrm{d}m$$

$$I_{yz} = I_{zy} = \sum m_i y_i z_i = \int y_i z_i \mathrm{d}m$$

$$I_{zx} = I_{xz} = \sum m_i z_i x_i = \int z_i x_i \mathrm{d}m$$

其中 I_{xx}、I_{yy} 和 I_{zz} 称为惯量矩，I_{xy}、I_{yz}、I_{zx} 等具有混合指标的元素称为惯量积。

对于给定的物体，惯量积的值与建立的坐标系的位置及方向有关；如果选择的坐标系合适，可使惯量积的值为零，即 $I_{xy}=I_{yz}=I_{xz}=0$，这样惯性矩阵可简化为：

$$I_C = \begin{bmatrix} I_{xx} & 0 & 0 \\ 0 & I_{yy} & 0 \\ 0 & 0 & I_{zz} \end{bmatrix}$$

三、牛顿-欧拉方程

牛顿-欧拉方程

牛顿-欧拉方程法是利用牛顿定律和欧拉方程建立动力学模型的方法，即对质心的运动和转动分别用牛顿方程和欧拉方程来表示。

如图 4-1 所示，假设刚体的质量为 m，质心在 C 点，质心处的位置矢量用 c 表示，则质心处的速度为 $\dot{c}$，加速度为 $\ddot{c}$；设刚体绕质心转动的角速度用 ω 表示，绕质心的角加速度为 ε，根据牛顿方程可得作用在刚体质心 C 处的惯性力为：

$$F = m\ddot{c} \tag{4-1}$$

根据三维空间欧拉方程，得到作用在刚体上的力矩为：

$$M = I_C \varepsilon + \omega \times I_C \omega \tag{4-2}$$

式中，M 为作用力对刚体质心的矩；ω 和 ε 为绕质心的角速度和角加速度；I_C 为作用在质心上的惯性张量矩阵。

以上两式合称为牛顿-欧拉方程。

牛顿-欧拉方程的递推过程主要有正向递推和逆向递推两项，分别如下。

（1）正向递推：已知机器人各个关节的速度和加速度，依次推导：

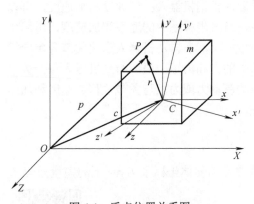

图 4-1　质点位置关系图

① 从 1~n 递推出机器人每个杆件在自身坐标系中的速度和加速度；
② 机器人每个杆件质心上的速度和加速度；
③ 机器人每个杆件质心上的惯性力和惯性力矩。

（2）逆向递推：已知机器人各个杆件的惯性力和惯性力矩，依次推导：
① 从末端 n~1 递推出机器人每个关节承受的力和力矩；
② 机器人每个关节的驱动力或驱动力矩。

四、牛顿-欧拉方程推导应用举例

以两自由度机器人为例，其机构示意图如图 4-2 所示，机器人两个杆件的长度分别为 l_1 和 l_2，且其质量 m_1 和 m_2 都集中在杆件的端头。假设机器人各个关节的位移为 θ_1 和 θ_2、速度为 $\dot{\theta}_1$ 和 $\dot{\theta}_2$、加速度为 $\ddot{\theta}_1$ 和 $\ddot{\theta}_2$，试用牛顿-欧拉方程计算各关节的驱动力矩。

解：建立坐标系如图 4-3 所示。相邻杆件的位姿矩阵为：

$$M_{01} = \begin{bmatrix} c\theta_1 & -s\theta_1 & 0 & 0 \\ s\theta_1 & c\theta_1 & 0 & 0 \\ 0 & 0 & 0 & 0 \\ 0 & 0 & 0 & 1 \end{bmatrix}$$

$$M_{12} = \begin{bmatrix} c\theta_2 & -s\theta_2 & 0 & l_1 \\ s\theta_2 & c\theta_2 & 0 & 0 \\ 0 & 0 & 0 & 0 \\ 0 & 0 & 0 & 1 \end{bmatrix}$$

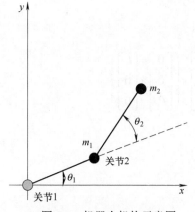

图 4-2　机器人机构示意图

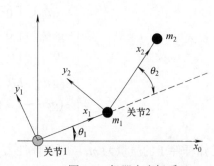

图 4-3　机器人坐标系

已知关节速度为 $\dot{\theta}_1$ 和 $\dot{\theta}_2$、加速度为 $\ddot{\theta}_1$ 和 $\ddot{\theta}_2$，考虑杆件的重量，设定机座的运动初始参数为：

$$\vec{\omega}_0 = \vec{v}_0 = \vec{\varepsilon}_0 = 0$$

$$\vec{a}_0 = \{0, -g, 0\}$$

（1）计算杆件 1 惯性力和惯性力矩（正向递推）

当 $i=1$ 时，杆件 1 的速度和加速度：

$$\vec{\omega}_1 = R_{10}\vec{\omega}_0 + \dot{\theta}_1 \vec{e}_{z_1}$$

$$= \dot{\theta}_1 \vec{e}_{z_1}$$

$$= \dot{\theta}_1 \cdot \begin{bmatrix} 0 \\ 0 \\ 1 \end{bmatrix}$$

$$= [0, 0, \dot{\theta}_1]^{\mathrm{T}}$$

$$\vec{\varepsilon}_1 = R_{10}\vec{\varepsilon}_0 + \ddot{\theta}_1\vec{e}_{z_1} + R_{10}\vec{\omega}_0 \times \dot{\theta}_1\vec{e}_{z_1}$$

$$= \ddot{\theta}_1\vec{e}_{z_1}$$

$$= \ddot{\theta}_1 \cdot \begin{bmatrix} 0 \\ 0 \\ 1 \end{bmatrix}$$

$$= [0, 0, \ddot{\theta}_1]^{\mathrm{T}}$$

$$\vec{a}_1 = R_{10}[\vec{a}_0 + \vec{\varepsilon}_0 \times \vec{p}_{01} + \vec{\omega}_0 \times (\vec{\omega}_0 \times \vec{p}_{01})]$$

$$= R_{10}\vec{a}_0$$

$$= \begin{bmatrix} c\theta_1 & s\theta_1 & 0 \\ -s\theta_1 & c\theta_1 & 0 \\ 0 & 0 & 1 \end{bmatrix}\begin{bmatrix} 0 \\ -g \\ 0 \end{bmatrix}$$

$$= \begin{bmatrix} -gs\theta_1 & -gc\theta_1 & 0 \end{bmatrix}^{\mathrm{T}}$$

已知 $\vec{r}_{C_1} = [l_1, 0, 0]^{\mathrm{T}}$，则线加速度：

$$\vec{a}_{C_1} = \vec{a}_1 + \vec{\varepsilon}_1 \times \vec{r}_{C_1} + \vec{\omega}_1 \times (\vec{\omega}_1 \times \vec{r}_{C_1})$$

$$= \begin{bmatrix} -gs\theta_1 \\ -gc\theta_1 \\ 0 \end{bmatrix} + \begin{bmatrix} 0 \\ 0 \\ \ddot{\theta}_1 \end{bmatrix} \times \begin{bmatrix} l_1 \\ 0 \\ 0 \end{bmatrix} + \begin{bmatrix} 0 \\ 0 \\ \dot{\theta}_1 \end{bmatrix} \times \left(\begin{bmatrix} 0 \\ 0 \\ \dot{\theta}_1 \end{bmatrix} \times \begin{bmatrix} l_1 \\ 0 \\ 0 \end{bmatrix} \right)$$

$$= \begin{bmatrix} -(gs\theta_1 + l_1\dot{\theta}_1^2) \\ -(gc\theta_1 - l_1\ddot{\theta}_1) \\ 0 \end{bmatrix}$$

已知杆件 1 的质量为 m_1，则其惯性力为：

$$\vec{F}_{C_1} = m_1 \cdot \vec{a}_{C_1}$$

$$= \begin{bmatrix} -m_1 gs\theta_1 + m_1 l_1\dot{\theta}_1^2 \\ -m_1 gc\theta_1 + m_1 l_1\ddot{\theta}_1 \\ 0 \end{bmatrix}$$

已知杆件 1 的惯性张量 $I_{C_1} = 0$，则惯性力矩为：

$$\vec{M}_{C_1} = I_{C_1} \cdot \vec{\varepsilon}_1 + \vec{\omega}_1 \times (I_{C_1} \cdot \vec{\omega}_1)$$

$$= 0$$

（2）计算杆件 2 惯性力和惯性力矩（正向递推）

当 $i=2$ 时，杆件 2 的速度和加速度：

$$\vec{\omega}_2 = R_{21}\vec{\omega}_1 + \dot{\theta}_2\vec{e}_{z_2}$$

$$= \begin{bmatrix} c\theta_2 & s\theta_2 & 0 \\ -s\theta_2 & c\theta_2 & 0 \\ 0 & 0 & 1 \end{bmatrix}\begin{bmatrix} 0 \\ 0 \\ \dot{\theta}_1 \end{bmatrix} + \begin{bmatrix} 0 \\ 0 \\ \dot{\theta}_2 \end{bmatrix}$$

$$= [0, 0, \dot{\theta}_1 + \dot{\theta}_2]^{\mathrm{T}}$$

$$\vec{\varepsilon}_2 = R_{21}\vec{\varepsilon}_1 + \ddot{\theta}_2\vec{e}_{z_2} + R_{21}\vec{\omega}_1 \times \dot{\theta}_2\vec{e}_{z_2}$$

$$= \begin{bmatrix} c\theta_2 & s\theta_2 & 0 \\ -s\theta_2 & c\theta_2 & 0 \\ 0 & 0 & 1 \end{bmatrix}\begin{bmatrix} 0 \\ 0 \\ \ddot{\theta}_1 \end{bmatrix} + \begin{bmatrix} 0 \\ 0 \\ \ddot{\theta}_2 \end{bmatrix}$$

$$= [0, 0, \ddot{\theta}_1 + \ddot{\theta}_2]^{\mathrm{T}}$$

$$\vec{a}_2 = R_{21}[\vec{a}_1 + \vec{\varepsilon}_1 \times \vec{p}_{12} + \vec{\omega}_1 \times (\vec{\omega}_1 \times \vec{p}_{12})]$$

$$= R_{21}\vec{a}_{C_1} \, (因为\vec{p}_{12} = \vec{r}_{C_1})$$

$$= \begin{bmatrix} c\theta_2 & s\theta_2 & 0 \\ -s\theta_2 & c\theta_2 & 0 \\ 0 & 0 & 1 \end{bmatrix}\begin{bmatrix} -(gs\theta_1 + l_1\dot{\theta}_1^2) \\ -(gc\theta_1 - l_1\ddot{\theta}_1) \\ 0 \end{bmatrix}$$

$$= \begin{bmatrix} l_1\ddot{\theta}_1 s\theta_2 - l_1\dot{\theta}_1^2 c\theta_2 - gs\theta_{12} \\ l_1\ddot{\theta}_1 c\theta_2 + l_1\dot{\theta}_1^2 s\theta_2 - gc\theta_{12} \\ 0 \end{bmatrix}$$

已知 $\vec{r}_{C_2} = [l_2, 0, 0]^{\mathrm{T}}$，则线加速度：

$$\vec{a}_{C_2} = \vec{a}_2 + \vec{\varepsilon}_2 \times \vec{r}_{C_2} + \vec{\omega}_2 \times (\vec{\omega}_2 \times \vec{r}_{C_2})$$

$$= \begin{bmatrix} l_1\ddot{\theta}_1 s\theta_2 - l_1\dot{\theta}_1^2 c\theta_2 - gs\theta_{12} \\ l_1\ddot{\theta}_1 c\theta_2 + l_1\dot{\theta}_1^2 s\theta_2 - gc\theta_{12} \\ 0 \end{bmatrix} + \begin{bmatrix} 0 \\ l_2(\ddot{\theta}_1 + \ddot{\theta}_2) \\ 0 \end{bmatrix} + \begin{bmatrix} -l_2(\dot{\theta}_1 + \dot{\theta}_2)^2 \\ 0 \\ \dot{\theta}_1 \end{bmatrix}$$

$$= \begin{bmatrix} l_1\ddot{\theta}_1 s\theta_2 - l_1\dot{\theta}_1^2 c\theta_2 - gs\theta_{12} - l_2(\dot{\theta}_1 + \dot{\theta}_2)^2 \\ l_1\ddot{\theta}_1 c\theta_2 + l_1\dot{\theta}_1^2 s\theta_2 - gc\theta_{12} + l_2(\ddot{\theta}_1 + \ddot{\theta}_2) \\ 0 \end{bmatrix}$$

已知杆件 1 的质量为 m_2，则其惯性力为：

$$\vec{F}_{C_2} = m_2 \cdot \vec{a}_{C_2}$$

$$= \begin{bmatrix} m_2 l_1\ddot{\theta}_1 s\theta_2 - m_2 l_1\dot{\theta}_1^2 c\theta_2 - m_2 gs\theta_{12} - m_2 l_2(\dot{\theta}_1 + \dot{\theta}_2)^2 \\ m_2 l_1\ddot{\theta}_1 c\theta_2 + m_2 l_1\dot{\theta}_1^2 s\theta_2 - m_2 gc\theta_{12} + m_2 l_2(\ddot{\theta}_1 + \ddot{\theta}_2) \\ 0 \end{bmatrix}$$

已知杆件 2 的惯性张量 $I_{C_2} = 0$，则惯性力矩为：

$$\vec{M}_{C_2} = I_{C_2} \cdot \vec{\varepsilon}_2 + \vec{\omega}_2 \times (I_{C_2} \cdot \vec{\omega}_2)$$

$$= 0$$

（3）计算关节 2 驱动力和力矩（逆向递推）

关节 2 受到的力：

$$\vec{f}_2 = R_{23}\vec{f}_3 + \vec{F}_{C_2} = \vec{F}_{C_2}$$

$$= \begin{bmatrix} m_2 l_1 \ddot{\theta}_1 s\theta_2 - m_2 l_1 \dot{\theta}_1^2 c\theta_2 - m_2 g s\theta_{12} - m_2 l_2 (\dot{\theta}_1 + \dot{\theta}_2)^2 \\ m_2 l_1 \ddot{\theta}_1 c\theta_2 + m_2 l_1 \dot{\theta}_1^2 s\theta_2 - m_2 g c\theta_{12} + m_2 l_2 (\ddot{\theta}_1 + \ddot{\theta}_2) \\ 0 \end{bmatrix}$$

关节 2 受到的力矩：

$$\vec{m}_2 = R_{23}\vec{m}_3 + \vec{M}_{C_2} + \vec{r}_{C_2} \times \vec{F}_{C_2} + \vec{p}_{23} \times R_{23}\vec{f}_3 = \vec{r}_{C_2} \times \vec{F}_{C_2}$$

$$= \begin{bmatrix} 0 \\ 0 \\ m_2 l_1 l_2 \ddot{\theta}_1 c\theta_2 + m_2 l_1 l_2 \dot{\theta}_1^2 s\theta_2 - m_2 l_2 g c\theta_{12} + m_2 l_2^2 (\ddot{\theta}_1 + \ddot{\theta}_2) \end{bmatrix}$$

则关节 2 的驱动力矩：

$$T_2 = -\vec{m}_2^{\mathrm{T}} \cdot \vec{e}_{z_2}$$

$$= -[m_2 l_1 l_2 \ddot{\theta}_1 c\theta_2 + m_2 l_2^2 (\ddot{\theta}_1 + \ddot{\theta}_2) + m_2 l_1 l_2 \dot{\theta}_1^2 s\theta_2 - m_2 l_2 g c\theta_{12}]$$

（4）计算关节 1 驱动力和力矩（逆向递推）

关节 1 受到的力：

$$\vec{f}_1 = R_{12}\vec{f}_2 + \vec{F}_{C_1}$$

$$= \begin{bmatrix} c\theta_2 & -s\theta_2 & 0 \\ s\theta_2 & c\theta_2 & 0 \\ 0 & 0 & 1 \end{bmatrix} \begin{bmatrix} m_2(l_1 \ddot{\theta}_1 s\theta_2 - l_1 \dot{\theta}_1^2 c\theta_2 - g s\theta_{12}) - m_2 l_2 (\dot{\theta}_1 + \dot{\theta}_2)^2 \\ m_2(l_1 \ddot{\theta}_1 c\theta_2 + l_1 \dot{\theta}_1^2 s\theta_2 - g c\theta_{12}) + m_2 l_2 (\ddot{\theta}_1 + \ddot{\theta}_2) \\ 0 \end{bmatrix}$$

$$+ \begin{bmatrix} -m_1 g s\theta_1 - m_1 l_1 \dot{\theta}_1^2 \\ -m_1 g c\theta_1 + m_1 l_1 \ddot{\theta}_1 \\ 0 \end{bmatrix}$$

$$= \begin{bmatrix} -m_2 l_1 \dot{\theta}_1^2 - m_2 g s\theta_1 - m_2 l_2 (\dot{\theta}_1 + \dot{\theta}_2)^2 c\theta_2 - m_2 l_2 (\ddot{\theta}_1 + \ddot{\theta}_2) s\theta_2 \\ m_2 l_1 \ddot{\theta}_1 - m_2 g c\theta_1 - m_2 l_2 (\dot{\theta}_1 + \dot{\theta}_2)^2 s\theta_2 + m_2 l_2 (\ddot{\theta}_1 + \ddot{\theta}_2) c\theta_2 \\ 0 \end{bmatrix}$$

$$+ \begin{bmatrix} -m_1 g s\theta_1 - m_1 l_1 \dot{\theta}_1^2 \\ -m_1 g c\theta_1 + m_1 l_1 \ddot{\theta}_1 \\ 0 \end{bmatrix}$$

关节 1 受到的力矩：

$$\vec{m}_1 = R_{12}\vec{m}_2 + \vec{r}_{C_1} \times \vec{F}_{C_1} + \vec{p}_{12} \times R_{12}\vec{f}_2$$

$$= \begin{bmatrix} 0 \\ 0 \\ m_2 l_1 l_2 \ddot{\theta}_1 c\theta_2 + m_2 l_1 l_2 \dot{\theta}_1^2 s\theta_2 - m_2 l_2 gc\theta_{12} + m_2 l_2^2 (\ddot{\theta}_1 + \ddot{\theta}_2) \end{bmatrix} + \begin{bmatrix} 0 \\ 0 \\ m_1 l_1^2 \ddot{\theta}_1 + m_1 l_1 gc\theta_1 \end{bmatrix}$$

$$+ \begin{bmatrix} 0 \\ 0 \\ m_2 l_1^2 \ddot{\theta}_1 - m_2 l_1 gc\theta_1 - m_2 l_1 l_2 (\dot{\theta}_1 + \dot{\theta}_2)^2 s\theta_2 + m_2 l_2 (\ddot{\theta}_1 + \ddot{\theta}_2)c\theta_2 \end{bmatrix}$$

则关节 1 的驱动力矩：

$$T_1 = -\vec{m}_1^{\mathrm{T}} \cdot \vec{e}_{z_1}$$

$$= -\{[(m_1 + m_2)l_1^2 + m_2 l_2^2 + 2m_2 l_1 l_2 c_2]\ddot{\theta}_1 + (m_2 l_2^2 + m_2 l_1 l_2 c_2)\ddot{\theta}_2 - m_2 l_1 l_2 s_2 \dot{\theta}_1^2$$

$$- 2m_2 l_1 l_2 s_2 \dot{\theta}_1 \dot{\theta}_2 - m_2 l_2 gc_{12} - (m_1 + m_2)l_1 gc_1\}$$

任务 2　拉格朗日方程

1788 年拉格朗日发表大型著作《分析力学》，在此基础上发展起来一系列力学处理的新方法，拉格朗日方程就是其中之一。拉格朗日方程借助于广义坐标（即关节坐标变量），基于能量平衡原理的建模方法。该方法通过求系统的动能和势能，建立拉格朗日函数，最终可以得到标准的拉格朗日方程。在求解过程中，避免了运动学加速度和角加速度的求解，推导过程相对简单，大部分机器人动力学问题采用拉格朗日方程求解。

拉格朗日方程法通常利用矩阵表示动力学模型，便于对机器人进行动力学控制，但是建模过程比较复杂且运算量较大，因此，一般在动力学分析时，常常将机器人模型简化或忽略惯性影响，得到动力学拉格朗日方程的简化形式。

一、任务导入

对于用 n 个独立变量来描述的运动学体系，拉格朗日方程的基本方程如下：

拉格朗日方程

$$F_i = \frac{\mathrm{d}}{\mathrm{d}t}\left(\frac{\partial L}{\partial \dot{q}_i}\right) - \frac{\partial L}{\partial q_i} \quad i = 1, 2, \cdots, n \tag{4-3}$$

式中　F_i——广义力，它可以是力，也可以是力矩；

q_i——系统选定的广义坐标；

$\dot{q}_i$——广义坐标对时间的一阶导数，即速度；

L——拉格朗日函数，又称为拉格朗日算子，对于忽略能量外部损耗的机械系统，它被定义为系统的动能 T 与势能 U 之差，即 $L=T-U$。

对给定的机器人，建立拉格朗日动力学方程一般步骤如下：

① 选取广义坐标系，并确定广义坐标；

② 选定广义力；

③ 求出系统的动能 T 和势能 U，并用其构造拉格朗日函数 $L=T-U$；

④ 将以上结果代入拉格朗日方程式中，即可求得机器人的动力学方程。

在高数的课程中，我们已经学习了拉格朗日方程。那在机器人专业中，拉格朗日方程又是如何工作的呢？

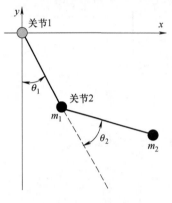

图 4-4　两关节机器人机构示意图

二、拉格朗日方程推导举例

下面以平面两关节机器人为例，来讲解拉格朗日动力学方程的推导过程。如图 4-4 所示，机器人的两个连杆长度分别为 l_1 和 l_2，质量分别为 m_1 和 m_2，且集中在各连杆的端部。若将机器人直接悬挂在加速度为 g 的重力场中，试用拉格朗日方程建立该机器人的动力学方程。

解：

① 选取连杆绕关节的转角为变量 θ_1 和 θ_2，则系统的广义坐标就可以选为 $q_i(i=1,2)$，即 $q_1=\theta_1$，$q_2=\theta_2$。

② 转动关节对应的是力矩，所以广义力就选为 $F_i(i=1,2)$，即 $F_1=M_1$，$F_2=M_2$。

③ 求出各连杆的动能和势能：

连杆 l_1 的动能为：$T_1 = \dfrac{1}{2} m_1 l_1^2 \dot{\theta}_1^2$

连杆 l_1 的势能为：$U_1 = -m_1 g l_1 \cos\theta_1$

对连杆 l_2 求动能和势能时，要先写出其质心在直角坐标系中的位置表达式：

$$\begin{cases} x_2 = l_1 \sin\theta_1 + l_2 \sin(\theta_1 + \theta_2) \\ y_2 = -l_1 \cos\theta_1 - l_2 \cos(\theta_1 + \theta_2) \end{cases}$$

然后求微分，则其速度就为：

$$\begin{cases} \dot{x}_2 = l_1 \cos\theta_1 \dot{\theta}_1 + l_2 \cos(\theta_1 + \theta_2)(\dot{\theta}_1 + \dot{\theta}_2) \\ \dot{y}_2 = l_1 \sin\theta_1 + l_2 \sin(\theta_1 + \theta_2)(\dot{\theta}_1 + \dot{\theta}_2) \end{cases}$$

由此可得连杆的速度平方值为：

$$v_2^2 = \dot{x}_2^2 + \dot{y}_2^2 = l_1^2 \dot{\theta}_1^2 + l_2^2(\dot{\theta}_1^2 + 2\dot{\theta}_1\dot{\theta}_2 + \dot{\theta}_2^2) + 2l_1 l_2 \cos\theta_2(\dot{\theta}_1^2 + \dot{\theta}_1\dot{\theta}_2)$$

从而连杆 l_2 的动能为：

$$T_2 = \frac{1}{2} m_2 l_1^2 \dot{\theta}_1^2 + \frac{1}{2} m_2 l_2^2(\dot{\theta}_1^2 + 2\dot{\theta}_1\dot{\theta}_2 + \dot{\theta}_2^2) + m_2 l_1 l_2 \cos\theta_2(\dot{\theta}_1^2 + \dot{\theta}_1\dot{\theta}_2)$$

势能为：

$$U_2 = -m_2 g l_1 \cos\theta_1 - m_2 g l_2 \cos(\theta_1 + \theta_2)$$

则可构造出拉格朗日函数为：

$$L = T - U = \frac{1}{2}(m_1 + m_2) l_1^2 \dot{\theta}_1^2 + \frac{1}{2} m_2 l_2^2(\dot{\theta}_1^2 + 2\dot{\theta}_1\dot{\theta}_2 + \dot{\theta}_2^2) + m_2 l_1 l_2 \cos\theta_2(\dot{\theta}_1^2 + \dot{\theta}_1\dot{\theta}_2)$$

$$+ (m_1 + m_2) g l_1 \cos\theta_1 + m_2 g l_2 \cos(\theta_1 + \theta_2)$$

④ 求出机器人拉格朗日动力学方程:

先将拉格朗日函数对 $\dot{\theta}_1$ 和 θ_1 进行微分,即:

$$\frac{\partial L}{\partial \dot{\theta}_1} = (m_1 + m_2)l_1^2 \dot{\theta}_1 + m_2 l_2^2 (\dot{\theta}_1 + \dot{\theta}_2) + m_2 l_1 l_2 \cos\theta_2 (2\dot{\theta}_1 + \dot{\theta}_2)$$

$$\frac{d}{dt}\left(\frac{\partial L}{\partial \dot{\theta}_1}\right) = \left[(m_1 + m_2)l_1^2 + m_2 l_2^2 + 2m_2 l_1 l_2 \cos\theta_2\right]\ddot{\theta}_1 + (m_2 l_2^2 + m_2 l_1 l_2 \cos\theta_2)\ddot{\theta}_2$$

$$-2m_2 l_1 l_2 \sin\theta_2 \dot{\theta}_1 \dot{\theta}_2 - m_2 l_1 l_2 \sin\dot{\theta}_2^2$$

$$\frac{\partial L}{\partial \theta_1} = -(m_1 + m_2)gl_1 \sin\theta_1 - m_2 gl_2 \sin(\theta_1 + \theta_2)$$

$$\frac{\partial L}{\partial \dot{\theta}_2} = m_2 l_2^2 (\dot{\theta}_1 + \dot{\theta}_2) + m_2 l_1 l_2 \cos\theta_2 \dot{\theta}_1$$

$$\frac{d}{dt}\left(\frac{\partial L}{\partial \dot{\theta}_2}\right) = (m_2 l_2^2 + m_2 l_1 l_2 \cos\theta_2)\ddot{\theta}_1 + m_2 l_2^2 \ddot{\theta}_2 - m_2 l_1 l_2 \sin\theta_2 \dot{\theta}_1 \dot{\theta}_2$$

$$\frac{\partial L}{\partial \theta_2} = -m_2 gl_2 \sin(\theta_1 + \theta_2)$$

将以上结果代入方程即可得关节 1 和 2 上的力矩计算式,即拉格朗日动力学方程一般形式:

$$\begin{cases} M_1 = \left[(m_1 + m_2)l_1^2 + m_2 l_2^2 + 2m_2 l_1 l_2 \cos\theta_2\right]\ddot{\theta}_1 + (m_2 l_2^2 + m_2 l_1 l_2 \cos\theta_2) \\ \quad -2m_2 l_1 l_2 \sin\theta_2 \dot{\theta}_1 \dot{\theta}_2 - m_2 l_1 l_2 \sin\dot{\theta}_2^2 + (m_1 + m_2)gl_1 \sin\theta_1 \\ \quad + m_2 gl_2 \sin(\theta_1 + \theta_2) \\ M_2 = (m_2 l_2^2 + m_2 l_1 l_2 \cos\theta_2)\ddot{\theta}_1 + m_2 l_2^2 \ddot{\theta}_2 - m_2 l_1 l_2 \sin\theta_2 \dot{\theta}_1 \dot{\theta} \\ \quad + m_2 gl_2 \sin(\theta_1 + \theta_2) \end{cases}$$

机器人拉格朗日动力学方程还可以简化为如下形式:

$$\begin{cases} M_1 = D_{11}\ddot{\theta}_1 + D_{12}\ddot{\theta}_2 + D_{111}\dot{\theta}_1^2 + D_{122}\dot{\theta}_2^2 + (D_{112} + D_{121})\dot{\theta}_1 \dot{\theta}_2 + D_1 \\ M_2 = D_{21}\ddot{\theta}_1 + D_{22}\ddot{\theta}_2 + D_{211}\dot{\theta}_1^2 + D_{222}\dot{\theta}_2^2 + (D_{212} + D_{221})\dot{\theta}_1 \dot{\theta}_2 + D_2 \end{cases}$$

当机器人有 n 个关节时,上式可推广为普遍形式:

$$F_i = \sum_{j=1}^{n} D_{ij}\ddot{q}_j + \sum_{j=1}^{n}\sum_{k=1}^{n} H_{ijk}\dot{q}_j \dot{q}_k + G_i \quad (i = 1, 2, \cdots, n)$$

将上式进一步简化为如下所示的矩阵形式:

$$F = D(q)\ddot{q} + H(\dot{q}, q) + G(q)$$

上式也称为机器人的动力学模型。

式中　$D(q)\ddot{q}$ ——机器人动力学模型中的惯性力项;

$D(q)$ ——机器人操作机的质量矩阵,它是 $n \times n$ 阶的对称矩阵;

$H(\dot{q}, q)$ —— $n \times 1$ 阶矩阵,表示机器人动力学模型中非线性的耦合力项,包括离心力(自耦力)和哥氏力(互耦力);

$G(q)$ —— $n \times 1$ 阶矩阵,表示机器人动力学模型中的重力项。

三、拉格朗日方程应用举例

例 4-1 如图 4-5 所示机器人，假设机器人杆件的质心都在杆件末端，质量分别为 m_1，m_2；杆件长度分别为 r_1，r_2；杆件速度和加速度分别为 $\dot{\theta}$、$\dot{r}$ 和 $\ddot{\theta}$、$\ddot{r}$，试建立拉格朗日方程，计算关节 1 和关节 2 的驱动力或力矩。

解：

（1）计算质心的位置和速度

由题知，质心 m_1 的位置是：$\begin{cases} x_1 = r_1 \cos\theta \\ y_1 = r_1 \sin\theta \end{cases}$

质心 m_1 的速度是：$\begin{cases} \dot{x}_1 = -r_1 \sin\theta\dot{\theta} \\ \dot{y}_1 = r_1 \cos\theta\dot{\theta} \end{cases}$

速度的平方值是：$v_1^2 = \dot{x}_1^2 + \dot{y}_1^2 = r_1^2\dot{\theta}^2$

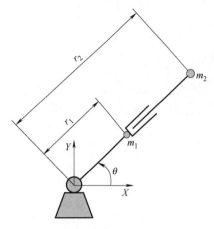

图 4-5　两自由度机器人机构示意图

质心 m_2 的位置是：$\begin{cases} x_2 = r_2 \cos\theta \\ y_2 = r_2 \sin\theta \end{cases}$

质心 m_1 的速度是：$\begin{cases} \dot{x}_2 = \dot{r}\cos\theta - r_2\sin\theta\dot{\theta} \\ \dot{y}_2 = \dot{r}\sin\theta + r_2\cos\theta\dot{\theta} \end{cases}$

速度的平方值是：$v_2^2 = \dot{x}_2^2 + \dot{y}_2^2 = \dot{r}^2 + r_2^2\dot{\theta}^2$

（2）计算杆件动能和势能

根据动能定义公式 $T = \dfrac{1}{2}m V^2$ 可求得：

杆件 1 和杆件 2 的动能：$T_1 = \dfrac{1}{2}m_1V_1^2 = \dfrac{1}{2}m_1 l_1^2\dot{\theta}^2$

$$T_2 = \frac{1}{2}m_2V_2^2 = \frac{1}{2}m_2(\dot{r}_2^2 + r_2^2\dot{\theta}^2)$$

机器人总动能：$T = T_1 + T_2 = \dfrac{1}{2}m_1 l_1^2\dot{\theta}^2 + \dfrac{1}{2}m_2\dot{r}_2^2 + \dfrac{1}{2}m_2 r_2^2\dot{\theta}^2$

杆件 1 和杆件 2 的势能：$U_1 = m_1 gr_1 \sin\theta$

$$U_2 = m_2 gr_2 \sin\theta$$

总势能：$U = m_1 gr_1 \sin\theta + m_2 gr_2 \sin\theta$

（3）推导拉格朗日动力学方程

根据拉格朗日方程定义，可知关节 1 上作用的广义力为：

$$
\begin{aligned}
F_1 &= \frac{\mathrm{d}}{\mathrm{d}t} \times \frac{\partial T}{\partial \dot{q}_1} - \frac{\partial T}{\partial q_1} + \frac{\partial U}{\partial q_1} \\
&= \frac{\mathrm{d}}{\mathrm{d}t}(m_1 r_1^2\dot{\theta} + m_2 r_2^2\dot{\theta}) - 0 + (g\cos\theta m_1 r_1 + g\cos\theta m_2 r_2) \\
&= m_1 r_1^2\ddot{\theta} + m_2 r_2^2\ddot{\theta} + 2m_2 r_2\dot{r}_2\dot{\theta} + g\cos\theta(m_1 r_1 + m_2 r_2)
\end{aligned}
$$

由于关节 2 为转动关节，易知 F_1 为驱动力矩，一般用符号 M_1 表示。

同理，可推导出关节 2 上作用的广义力为：

$$F_2 = m_2\ddot{r}_2 - m_2 r_2 \ddot{\theta} + m_2 g \sin\theta$$

由于关节 2 为移动关节，易知 F_2 为驱动力。

（4）拉格朗日方程一般形式

根据上面推导，得到拉格朗日方程一般形式：

$$\begin{cases} F_1 = m_1 r_1^2 \ddot{\theta} + m_2 r_2^2 \ddot{\theta} + 2 m_2 r_2 \dot{r}_2 \dot{\theta} + g \cos\theta(m_1 r_1 + m_2 r_2) \\ F_2 = m_2 \ddot{r}_2 - m_2 r_2 \ddot{\theta} + m_2 g \sin\theta \end{cases}$$

例 4-2 如图 4-6 所示机器人，假设机器人杆件的质心都在杆件末端，质量分别为 m_1=10kg，m_2=5kg；杆件长度分别为 r_1=1m，r=1~2m；杆件速度和加速度分别为 $\dot{\theta}_{max}=1\mathrm{s}^{-1}$，$\dot{r}_{max}=1\mathrm{m/s}$；$\ddot{\theta}_{max}=1\mathrm{s}^{-2}$，$\ddot{r}_{max}=1\mathrm{m/s}^2$。

（1）当机器人手臂水平，并伸至最长，且静止时，试用拉格朗日方程估算机器人驱动力矩 M_θ。

（2）当机器人手臂水平，并伸至最长，$\dot{\theta}$ 和 $\dot{r}$ 以最快速度运行，试用拉格朗日方程估算机器人驱动力矩 M_θ。

（3）当机器人手臂水平，并伸至最长，处于静止，并以最大加速度转动时，试用拉格朗日方程估算机器人驱动力矩 M_θ。

解：（1）情况一：由题知，θ=0，r=2m，$\dot{\theta}$=0，$\ddot{\theta}$=0，$\dot{r}$=0，质心位置 x_1=1m，y_1=0m，x_2=2m，y_2=0m。

计算杆件动能和势能：

代入公式，得到杆件动能：

$$T_1 = \frac{1}{2} m_1 V_1^2 = \frac{1}{2} m_1 r_1^2 \dot{\theta}^2 = 0$$

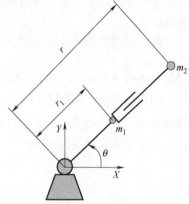

图4-6 两自由度机器人机构示意图

$$T_2 = \frac{1}{2} m_2 V_2^2 = \frac{1}{2} m_2 (\dot{r}_2^2 + r_2^2 \dot{\theta}^2) = 0$$

总动能：T=0

代入公式，得到杆件势能：$U_1 = m_1 g l_1 \sin\theta = 0$

$$U_2 = m_2 g l \sin\theta = 0$$

总势能：U=0

计算关节驱动力矩：

$$M_\theta = \frac{\mathrm{d}}{\mathrm{d}t}\left(\frac{\partial L}{\partial \dot{q}_i}\right) - \frac{\partial L}{\partial q_i}$$

$$= m_1 r_1^2 \ddot{\theta} + m_2 r^2 \ddot{\theta} + 2 m_2 r \dot{r} \dot{\theta} + g \cos\theta(m_1 r_1 + m_2 r)$$

$$= 0 + 0 + 0 + 9.8 \times 1 \times (10 \times 1 + 5 \times 2)$$

$$= 196(\mathrm{N \cdot m})$$

（2）情况二：由题知，$\theta=0$，$r=2\text{m}$，$\dot{\theta}=1\text{s}^{-1}$，$\ddot{\theta}=0$，$\dot{r}=1\text{m/s}$，质心位置 $x_1=1\text{m}$，$y_1=0\text{m}$，$x_2=2\text{m}$，$y_2=0\text{m}$，计算关节驱动力矩

$$M_\theta = m_1 r_1^2 \ddot{\theta} + m_2 r^2 \ddot{\theta} + 2m_2 r \dot{r} \dot{\theta} + g\cos\theta(m_1 r_1 + m_2 r)$$
$$= 0 + 0 + 2\times 5\times 2\times 1\times 1 + 196$$
$$= 216(\text{N}\cdot\text{m})$$

（3）情况三：由题知，$\theta=0$，$r=2\text{m}$，$\dot{\theta}=0$，$\ddot{\theta}=1\text{s}^{-2}$，$\dot{r}=0$，$\ddot{r}=1\text{m/s}^2$，质心位置 $x_1=1\text{m}$，$y_1=0\text{m}$，$x_2=2\text{m}$，$y_2=0\text{m}$，计算关节驱动力矩

$$M_\theta = m_1 r_1^2 \ddot{\theta} + m_2 r^2 \ddot{\theta} + 2m_2 r \dot{r} \dot{\theta} + g\cos\theta(m_1 r_1 + m_2 r)$$
$$= 10\times 1\times 1 + 5\times 4\times 1 + 0 + 196$$
$$= 226(\text{N}\cdot\text{m})$$

例4-3 如图4-7所示，机器人的两个连杆长度分别为 $l_1=1\text{m}$ 和 $l_2=2\text{m}$；质量分别为 $m_1=2\text{kg}$ 和 $m_2=1\text{kg}$，且集中在各连杆的端部；假设机器人处于图示位姿，夹角 $\theta_1=30°$ 和 $\theta_2=30°$，以速度 $\dot{\theta}_1=1\text{s}^{-1}$ 和 $\dot{\theta}_2=2\text{s}^{-1}$ 匀速转动，加速度为零。试用拉格朗日方程计算关节1和关节2的驱动力矩。

解：把题目给定的参数代入拉格朗日动力学方程一般形式：

$$\begin{cases} M_1 = (m_2 l_2^2 + m_2 l_1 l_2 \cos\theta_2) - 2m_2 l_1 l_2 \sin\theta_2 \dot{\theta}_1 \dot{\theta}_2 - m_2 l_1 l_2 \sin\dot{\theta}_2^2 + (m_1+m_2)gl_1\sin\theta_1 + m_2 gl_2 \sin(\theta_1+\theta_2) \\ \qquad = (4+1.732) - 4 - 0.5 + 14.7 + 16.9736 = 32.9056 \\ M_2 = -m_2 l_1 l_2 \sin\theta_2 \dot{\theta}_1 \dot{\theta}_2 + m_2 gl_2 \sin(\theta_1+\theta_2) \\ \qquad = -2 + 16.9736 = 14.9736 \end{cases}$$

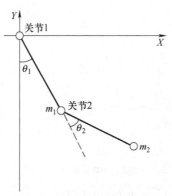

图4-7 两关节机器人机构示意图

模 块 小 结

动力学研究的是物体的运动和受力之间的关系。工业机器人是一种由多关节和多连杆组成的多自由度操作机，所有杆件和关节的运动，需要有足够大的力和力矩来驱动，否则就无法达到期望的速度和加速度，因此需要研究机器人的动力学问题。本模块介绍了两种在机器

人上最常用的动力学解决理论，即牛顿-欧拉方程法和拉格朗日方程法。通过两个任务，分别介绍了两种理论的原理和应用，并通过简单机器人机构模型，对上述两种方法的应用加以举例，使读者能较好地理解机器人动力学方程的建立和应用过程。

牛顿-欧拉方程法是一种力的动态平衡法，采用递推算法，先正向递推，由基座前推，逐次求出各连杆的角速度、角加速度和质心加速度，再逆向递推，由末连杆的末关节向第一关节递推，从而求出各关节力矩，其计算公式分为速度和惯性力前推、约束力和关节力矩后推两部分。该法需从运动学出发求得加速度，并消去各内应力，推导过程较复杂，只适用简单系统，对于较复杂的系统，采用这种方法分析起来十分复杂和麻烦。

拉格朗日方程法是一种功能平衡法，只需要计算机器人构件的速度，仅仅基于能量项，推导出机器人所需驱动力和力矩。该方法相对简洁方便，大部分机器人动力学问题采用拉格朗日方程求解。

习　题

1. 机器人动力学解决什么问题？什么是动力学正问题和逆问题？
2. 机器人动力学正问题和动力学反问题分别是什么？
3. 什么是牛顿方程？什么是欧拉方程？有何作用？
4. 拉格朗日方程基于什么原理建模？
5. 建立拉格朗日动力学方程一般步骤是什么？
6. 如图 4-8 所示，如果机器人各关节的速度和加速度分别为 $\dot{\theta}_1$、$\ddot{\theta}_1$ 和 $\dot{\theta}_2$、$\ddot{\theta}_2$，当机器人手部负重为一质量 m 时，试计算各关节需要的驱动力或力矩。

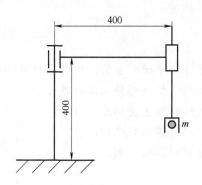

图 4-8　两关节机器人结构示意图

模块五 工业机器人机械结构

通过之前的学习，我们知道工业机器人主要用于工业生产中代替人做某些单调、频繁和重复的长时间作业，或是危险、恶劣环境下的作业。那么它究竟是如何完成这些工作呢？它的机械结构是如何构成的呢？

从本模块开始，我们就开始研究工业机器人的各个组成部分：手部、手腕、手臂、机身等，下面我们先从工业机器人的机械结构部分开始，看看它的每一部分的结构组成与工作原理。

 知识目标

1. 掌握工业机器人的机械结构组成。
2. 掌握工业机器人的手部结构组成、工作原理及作用。
3. 掌握工业机器人的手腕结构组成、工作原理及作用。
4. 掌握工业机器人的手臂结构组成、工作原理及作用。
5. 掌握工业机器人的机身结构组成、工作原理及作用。
6. 掌握工业机器人的驱动系统。
7. 掌握工业机器人的传动机构。

 技能目标

1. 能识别工业机器人的手部、手腕、手臂、机身等机械结构组成。
2. 能理解工业机器人机械结构组成部分的工作原理。
3. 能理解工业机器人机械结构的主要功能。
4. 能根据机器人的结构识别机器人的运动。
5. 会辨别工业机器人伺服驱动器的类别。

 任务安排

序号	任务名称	任务主要内容
1	工业机器人的手部结构	掌握工业机器人手部知识 认识夹钳式取料手 认识吸附式取料手 认识专用工具 了解仿生多指灵巧手
2	工业机器人的手腕结构	掌握工业机器人手腕知识 掌握机器人手腕分类 掌握机器人手腕的典型结构

序号	任务名称	任务主要内容
3	工业机器人的手臂结构	掌握机器人手臂知识 掌握机器人臂部分类 掌握机器人手臂的运动机构
4	工业机器人的机身结构	掌握工业机器人机身知识 掌握机身的典型机构 掌握机身与臂部的配置形式
5	工业机器人的驱动与传动	掌握工业机器人驱动系统 掌握工业机器人传动机构

任务1 工业机器人的手部结构

一、任务导入

提及机器人，大家更多的可能是想到那些具有人类形态、拟人化的机器人。但事实上除部分场所中的服务机器人外，大多数机器人都不具有基本的人类形态，更多的是以机械手的形式存在，这点在工业机器人身上体现得非常明显。现在，机器人手已经具有了灵巧的指、腕、肘和肩甲关节，能灵活自如的伸缩摆动，手腕也会转动弯曲。通过手指上的传感器，还能感觉出抓握的东西的重量，可以说已经具备人手的许多功能。那么工业机器人手部由哪些部分组成？在工作中起什么作用呢?下面我们就来认识一下工业机器人的手是什么样子的。

二、机器人的手部结构

工业机器人是一种模拟人手臂、手腕和手功能的一体化装置，可对物体运动的位置、速度和加速度进行精确控制，从而完成某一工业生产的作业要求。机器人为了进行作业，在手腕上配置了操作机构，有时也称为手爪或末端操作器。它是装在机器人手腕上直接用于抓取和握紧专用工具并进行操作的部件，它具有模仿人手动作的功能，安装于机器人手臂的末端。

工业机器人是一种通用性很强的自动化设备，可根据作业要求，再配上各种专用的末端操作器，来完成各种动作。如在通用机器人上安装焊枪就成为一台焊接机器人，安装拧螺母机则成为一台装配机器人。机器人的手部是最重要的执行机构，从功能和形态上看，它可分为工业机器人的手部和仿人机器人的手部。

三、工业机器人的手部

用在工业上的机器人的手一般称为末端操作器，它是机器人直接用于抓取和握紧专用工具进行操作的部件。它具有模仿人手动作的功能，并安装于机器人手臂的末端。机械手能根据电脑发出的命令执行相应的动作，它不仅是一个执行命令的机构，还应该具有识别的功能也就是"感觉"。为了使机器人手具有触觉，在手掌和手指上都装有带有弹性触点的元件；如果要感知冷暖，则还可以装上热敏元件。如在各指节的连接轴上安装精巧的电位器，则能把手指的弯曲角度转换成"外形弯曲信息"，把外形弯曲信息和各指节产生的接触信息一起送入计算机，通过计算就能迅速判断机械手所抓的物体的形状和大小。

由于被握工件的形状、尺寸、重量、材质及表面状态等不同，因此工业机器人的手爪是多种多样的，并大致可分为夹钳式取料手、吸附式取料手、专用工具（如焊枪、喷嘴、电磨头等）和仿生多指灵巧手四类。

夹钳式取料手

1. 夹钳式取料手

夹钳式取料手由手指（手爪）、驱动机构、传动机构及连接与支承元件组成，如图 5-1 所示。它通过手指的开、合实现对物体的夹持。

（1）手指　手指是直接与工件接触的部件。手部松开和夹紧工件，就是通过手指的张开与闭合来实现的。机器人的手部一般有两个手指，也有三个、四个或五个手指，其结构形式常取决于被夹持工件的形状和特性。指端是手指上直接与工件接触的部位，其结构形状取决于工件形状。常用的手指有以下类型。

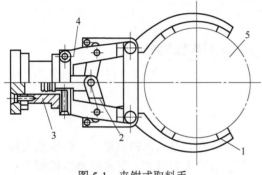

图 5-1　夹钳式取料手

1—手指；2—传动机构；3—驱动装置；4—支架；5—工件

① V 形指　如图 5-2（a）所示，它适用于夹持圆柱形工件，特点是夹紧平稳可靠、夹持误差小；也可以用两个滚柱代替 V 形体的两个工作面。如图 5-2（b）所示，它能快速夹持旋转中的圆柱体。图 5-2（c）所示为可浮动的 V 形指，有自定位能力，与工件接触好，但浮动件是机构中的不稳定因素，在夹紧时和运动中受到的外力必须有固定支承来承受，应设计成可自锁的浮动件。

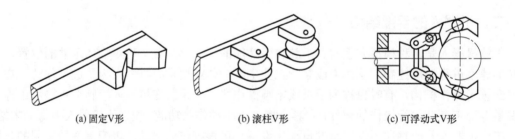

(a) 固定V形　　　　　　(b) 滚柱V形　　　　　　(c) 可浮动式V形

图 5-2　V 形指端形状

② 平面指　如图 5-3（a）所示，一般用于夹持方形工件（具有两个平行平面）、方形板或细小棒料。

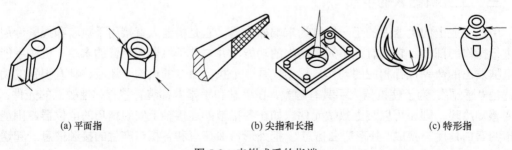

(a) 平面指　　　　　　　(b) 尖指和长指　　　　　　(c) 特形指

图 5-3　夹钳式手的指端

③　尖指和长指　如图 5-3（b）所示，一般用于夹持小型或柔性工件；尖指用于夹持位于狭窄工作场地的细小工件，以避免和周围障碍物相碰；长指用于夹持炽热的工件，以避免热辐射对手部传动机构的影响。

④　特形指　如图 5-3（c）所示，用于夹持形状不规则的工件。应设计出与工件形状相适应的专用特形手指，才能夹持工件。

指面的形状常有光滑指面、齿形指面和柔性指面等。光滑指面平整光滑，用来夹持已加工表面，避免已加工表面受损；齿形指面的指面刻有齿纹，可增加夹持工件的摩擦力，以确保夹紧牢靠，多用来夹持表面粗糙的毛坯或半成品；柔性指面内镶橡胶、泡沫、石棉等物，有增加摩擦力、保护工件表面、隔热等作用，一般用于夹持已加工表面、炽热件，也适于夹持薄壁件和脆性工件。

（2）传动机构　传动机构是向手指传递运动和动力，以实现夹紧和松开动作的机构。该机构根据手指开合的动作特点，可分为回转型和平移型，回转型又分为单支点回转和多支点回转。根据手爪夹紧是摆动还是平动，回转型还可分为摆动回转型和平动回转型。

①　回转型传动机构　夹钳式手部中用得较多的是回转型手部，其手指就是一对杠杆，一般再与斜楔、滑槽、连杆、齿轮、蜗轮蜗杆或螺杆等机构组成复合式杠杆传动机构，用以改变传动比和运动方向等。

图 5-4（a）所示为单作用斜楔式回转型手部结构简图。斜楔向下运动，克服弹簧拉力，使杠杆手指装着滚子的一端向外撑开，从而夹紧工件；斜楔向上运动，则在弹簧拉力作用下使手指松开。手指与斜楔通过滚子接触，可以减少摩擦力，提高机械效率。有时为了简化，也可让手指与斜楔直接接触，如图 5-4（b）所示。

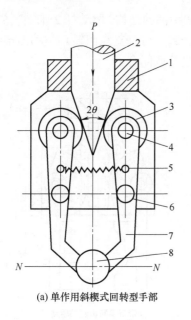
(a) 单作用斜楔式回转型手部

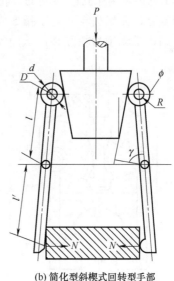
(b) 简化型斜楔式回转型手部

图 5-4　斜楔杠杆式手部

1—壳体；2—斜楔驱动杆；3—滚子；4—圆柱销；5—拉簧；6—铰销；7—手指；8—工件

图 5-5 所示为滑槽式杠杆回转型手部简图。杠杆形手指 4 的一端装有 V 形指 5，另一端则开有长滑槽。驱动杆 1 上的圆柱销 2 套在滑槽内，当驱动连杆同圆柱销一起作往复运动时，

即可拨动两个手指各绕其支点（铰销 3）作相对回转运动，从而实现手指的夹紧与松开动作。

图 5-6 所示为双支点连杆式手部的简图。驱动杆 2 末端与连杆 4 由铰销 3 铰接，当驱动杆 2 作直线往复运动时，则通过连杆推动两杆手指各绕支点作回转运动，从而使得手指松开或闭合。

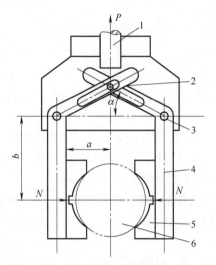

图 5-5　滑槽式杠杆回转型手部

1—驱动杆；2—圆柱销；3—铰销；

4—手指；5—V 形指；6—工件

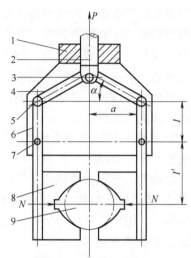

图 5-6　双支点连杆式手部

1—壳体；2—驱动杆；3—铰销；4—连杆；

5,7—圆柱销；6—手指；8—V 形指；9—工件

图 5-7 所示为齿轮齿条直接传动的齿轮杠杆式手部的结构。驱动杆 2 末端制成双面齿条，与扇齿轮 4 相啮合，而扇齿轮 4 与手指 5 固连在一起，可绕支点回转。驱动力推动齿条作直线往复运动，即可带动扇齿轮回转，从而使手指松开或闭合。

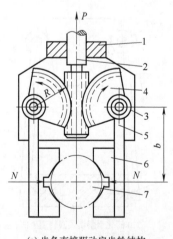

(a) 齿条直接驱动扇齿轮结构

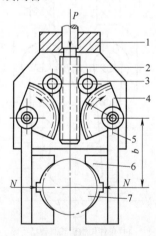

(b) 带有换向齿轮的驱动结构

图 5-7　齿轮齿条直接传动的齿轮杠杆式手部

1—壳体；2—驱动杆；3—中间齿轮；4—扇齿轮；5—手指；6—V 形指；7—工件

②　平移型传动机构　平移型夹钳式手部是通过手指的指面作直线往复运动或平面移动来实现张开或闭合动作的，常用于夹持具有平行平面的工件。其结构较复杂，不如回转型

手部应用广泛。

a.直线往复运动机构 实现直线往复运动的机构很多，常用的斜楔传动、齿条传动、螺旋传动等均可应用于手部结构。

图 5-8（a）所示为斜楔平移机构，图 5-8（b）为连杆杠杆平移机构，图 5-8（c）为螺旋斜楔平移机构。它们既可是双指型的，也可是三指（或多指）型的，既可自动定心，也可非自动定心。

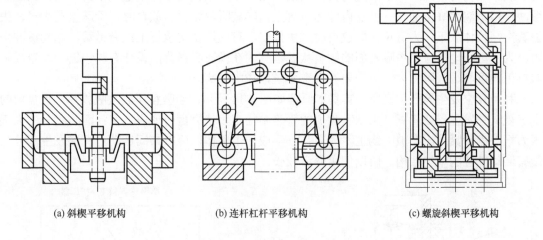

(a) 斜楔平移机构　　　　　　(b) 连杆杠杆平移机构　　　　　　(c) 螺旋斜楔平移机构

图 5-8　直线平移型手部

b.平面平行移动机构 图 5-9 所示为几种平移型夹钳式手部的简图。它们的共同点是：都采用平行四边形的铰链机构——双曲柄铰链四连杆机构，以实现手指平移。其差别在于分别采用齿条齿轮、蜗杆蜗轮、连杆斜滑槽的传动方法。

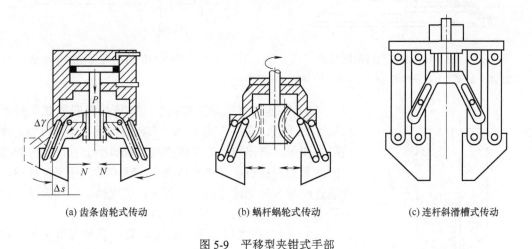

(a) 齿条齿轮式传动　　　　　　(b) 蜗杆蜗轮式传动　　　　　　(c) 连杆斜滑槽式传动

图 5-9　平移型夹钳式手部

2. 吸附式取料手

吸附式取料手靠吸附力取料，根据吸附力的不同，可分为气吸附和磁吸附两种。吸附式取料手适用于大平面、易碎（玻璃、磁盘）、微小的物体，因此使用面较广。

（1）气吸附式取料手 气吸附式取料手是利用吸盘内的压力和大气压之间的压力差而

工作的，按形成压力差的方法，可分为真空吸附、气流负压吸附、挤压排气负压吸附等。

气吸附式取料手与夹钳式取料手相比，具有结构简单、重量轻、吸附力分布均匀等优点，对于薄片状物体的搬运更具有优越性（如板材、纸张、玻璃等物体）。它广泛应用于非金属材料或不可有剩磁的材料的吸附，但要求物体表面较平整光滑，无孔、无凹槽。

真空气吸附取料手结构原理如图 5-10 所示。其真空的产生是利用真空泵，真空度较高。其主要零件为碟形橡胶吸盘，通过固定环 2 安装在支承杆 4 上。支承杆 4 由螺母 5 固定在基板 6 上。取料时，碟形橡胶吸盘与物体表面接触，橡胶吸盘在边缘既起到密封作用，又起到缓冲作用，然后真空抽气，吸盘内腔形成真空，实施吸附取料。放料时，管路接通大气，失去真空，物体放下。为避免在取放料时产生撞击，有的还在支承杆上配有弹簧，起到缓冲作用。为了更好地适应物体吸附面的倾斜状况，有的在橡胶吸盘背面设计有球铰链。真空吸附取料工作可靠、吸附力大，但需要有真空系统，成本较高。

利用真空发生器产生真空，其基本原理如图 5-11 所示。当吸盘压到被吸物后，吸盘内的空气被真空发生器或者真空泵从吸盘上的管路中抽走，使吸盘内形成真空；而吸盘外的大气压力把吸盘紧紧地压在被吸物上，使之几乎形成一个整体，可以共同运动。真空发生部分是没有活动部位的单纯结构，所以使用寿命较长。

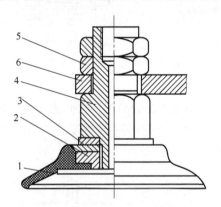

图 5-10　真空气吸附取料手

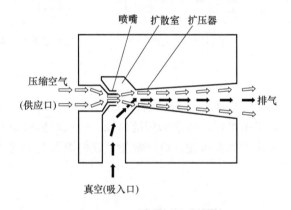

图 5-11　真空发生器基本原理

1—橡胶吸盘；2—固定环；3—垫片；4—支承杆；5—螺母；6—基板

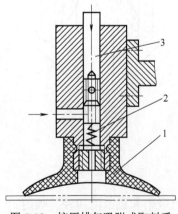

图 5-12　挤压排气吸附式取料手

1—橡胶吸盘；2—弹簧；3—拉杆

（2）挤压排气吸附式取料手　挤压排气吸附式取料手如图 5-12 所示。其工作原理为：取料时，吸盘压紧物体，橡胶吸盘变形，挤出腔内多余的空气，取料手上升，靠橡胶吸盘的恢复力形成负压，将物体吸住；释放时，压下拉杆 3，使吸盘腔与大气相连通而失去负压。该取料手结构简单，但吸附力小，吸附状态不易长期保持。

（3）磁吸附式取料手　磁吸附取料手是利用永久电磁铁或电磁铁通电后产生的磁力来吸附工件的。其应用较广泛。磁吸式手部与气吸式手部相同，不会破坏被吸附表面质量。磁吸附式手部比气吸附式手部的优越方面是有较大的单位面积吸力，对工件表面粗糙度及通孔、沟槽等无特殊要求。图 5-13 所示为几种电磁式吸盘吸料示意图。

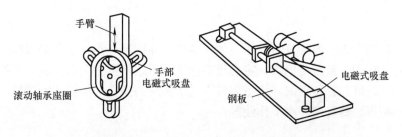

(a) 吸附滚动轴承座圈的电磁式吸盘　　(b) 吸取钢板用的电磁式吸盘

(c) 吸取齿轮用的电磁式吸盘　　(d) 吸附多孔钢板用的电磁式吸盘

图 5-13　电磁式吸盘吸料示意图

3. 专用工具

机器人是一种通用性很强的自动化设备，可根据作业要求完成各种动作，再配上各种专用的末端执行器后，就能完成各种动作。

例如，在通用机器人上安装焊枪就成为一台焊接机器人，安装拧螺母机则成为一台装配机器人。目前有许多由专用电动、气动工具改型而成的操作器，如图 5-14 所示，有拧螺母机、焊枪、电磨头、电铣头、抛光头、激光切割机等。这些专用工具形成的一整套系列供用户选用，使机器人能胜任各种工作。

4. 仿生多指灵巧手

机器人手爪和手腕最完美的形式是模仿人手的多指灵巧手。如图 5-15 所示，多指灵巧手有多个手指，每个手指有 3 个回转关节，每一个关节的自由度都是独立控制的。因此，它能

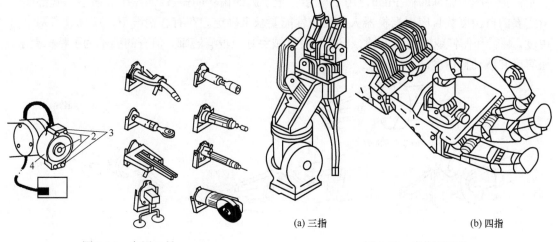

图 5-14　专用工具　　　　　图 5-15　多指灵巧手

(a) 三指　　　　(b) 四指

1—气路接口；2—定位销；3—电接头；4—电磁吸盘

模仿几乎人手指能完成的各种复杂动作，如拧螺钉、弹钢琴、作礼仪手势等动作。在手部配置触觉、力觉、视觉、温度传感器，将会使多指灵巧手达到更完美的程度。多指灵巧手的应用前景十分广泛，可在各种极限环境下完成人无法实现的操作，如核工业领域、宇宙空间作业，在高温、高压、高真空环境下作业等。

任务2　工业机器人的手腕结构

一、任务导入

说到手腕，我们首先会想到人的手腕，在讲述机器人手腕结构之前，大家先来想想人的手腕所处的位置以及作用，再推想一下机器人的手腕所处的位置及其作用。那么工业机器人手腕由哪些部分组成，在工作中起什么作用呢？工业机器人手腕的工作原理是什么呢？下面我们就来学习工业机器人的手腕结构。

二、机器人手腕概述

手腕结构

机器人手腕是在机器人手臂和手爪之间用于支撑和调整手爪的部件。机器人手腕主要用来确定被抓物体的姿态，一般采用三自由度多关节机构，由旋转关节和摆动关节组成。

机器人的腕部是连接手部与臂部的部件，起支承手部的作用。工业机器人一般具有六个自由度，才能使手部（末端操作器）达到目标位置和处于期望的姿态，手腕上的自由度主要是实现所期望的姿态。

为了使手部能处于空间任意方向，要求腕部能实现对空间三个坐标轴 X、Y、Z 的转动，即具有翻转、俯仰和偏转三个自由度，如图 5-16 所示。通常也把手腕的翻转叫做 Roll，用 R 表示；把手腕的俯仰叫做 Pitch，用 P 表示；把手腕的偏转叫做 Yaw，用 Y 表示。腕部实际所需要的自由度数目应根据机器人的工作性能要求来确定。在有些情况下，腕部具有两个自由度，翻转和俯仰或翻转和偏转。一些专用机械手甚至没有腕部，但有的腕部为了特殊要求，还有横向移动自由度。

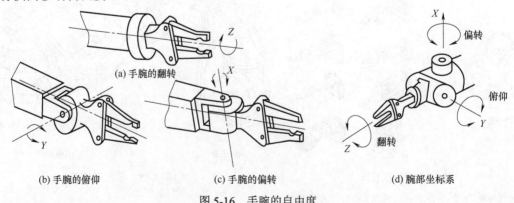

(a) 手腕的翻转

(b) 手腕的俯仰　　　　(c) 手腕的偏转　　　　(d) 腕部坐标系

图 5-16　手腕的自由度

因为手腕是安装在手臂的末端，所以手腕的大小和重量是手腕设计时要考虑的关键问题。希望能采用紧凑的结构、合理的自由度。

三、机器人手腕的分类

手腕的分类

1. 按自由度数目来分类

手腕按自由度数目来分，可分为单自由度手腕、二自由度手腕和三自由度手腕。

（1）单自由度手腕　图 5-17（a）所示是一种翻转（Roll）关节（简称 R 关节），它把手臂纵轴线和手腕关节轴线构成共轴线形式，这种 R 关节旋转角度大，可达到 360°以上。图 5-17（b）、（c）是一种折曲（Bend）关节（简称 B 关节），关节轴线与前、后两个连接件的轴线相垂直。这种 B 关节因为受到结构上的干涉，旋转角度小，大大限制了方向角。图 5-17（d）所示为移动关节，绕 X、Y、Z 轴转动。

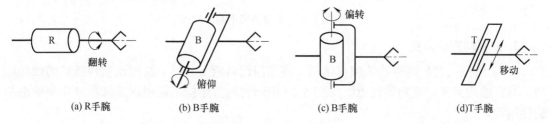

图 5-17　单自由度手腕

（2）二自由度手腕　二自由度手腕可以由一个 R 关节和一个 B 关节组成 BR 手腕［见图 5-18（a）］，也可以由两个 B 关节组成 BB 手腕［见图 5-18（b）］。但是，不能由两个 R 关节组成 RR 手腕，因为两个 R 关节共轴线，所以退化了一个自由度，实际只构成了单自由度手腕［见图 5-18（c）］。

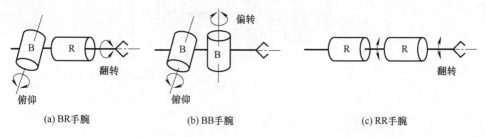

图 5-18　二自由度手腕

（3）三自由度手腕　三自由度手腕可以由 B 关节和 R 关节组成许多种形式。图 5-19（a）所示为通常见到的 BBR 手腕，使手部具有俯仰、偏转和翻转运动，即 RPY 运动。图 5-19（b）所示为一个 B 关节和两个 R 关节组成的 BRR 手腕，为了不使自由度退化，使手部获得 RPY 运动，第一个 R 关节必须进行如图所示偏置。图 5-19（c）所示为三个 R 关节组成的 RRR 手腕，它也可以实现手部 RPY 运动。图 5-19（d）所示为 BBB 手腕，很明显，它已经退化为二自由度手腕，只有 PY 运动，实际上它是不采用的。此外，B 关节和 R 关节排列的次序不同，也会产生不同的效果，也产生了其他形式的三自由度手腕。为了使手腕结构紧凑，通常把两个 B 关节安装在一个十字接头上，这可大大减小 BBR 手腕的纵向尺寸。

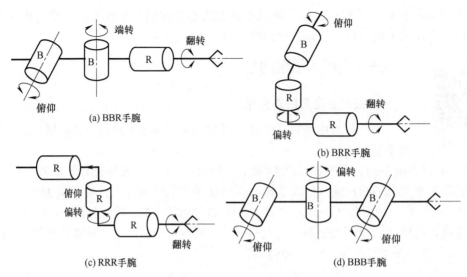

(a) BBR手腕

(b) BRR手腕

(c) RRR手腕

(d) BBB手腕

图 5-19　三自由度手腕

2. 按驱动方式分类

（1）液压（气）缸驱动的腕部结构　直接用回转液压（气）缸驱动实现腕部的回转运动，具有结构紧凑、灵巧等优点。如图 5-20 所示的腕部结构，采用回转液压缸实现腕部的旋转运动。

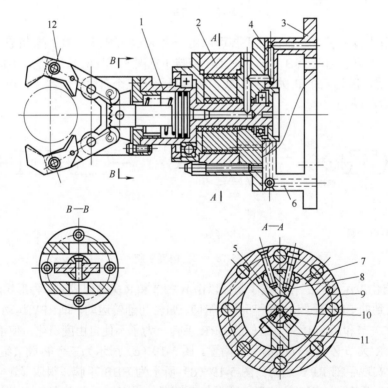

图 5-20　摆动液压缸的旋转腕图

1—手部驱动位；2—回转液压缸；3—腕架；4—通向手部的油管；5—左进油孔；6—通向摆动液压缸油管；
7—右进油孔；8—固定叶片；9—缸体；10—回转轴；11—回转叶片；12—手部

从 *A—A* 剖视图可以看出，回转叶片 11 用螺钉、销钉和回转轴 10 连在一起，固定叶片 8 和缸体 9 连接。当压力油从右进油孔 7 进入液压缸右腔时，便推动 11 和 10 一起绕轴线顺时针转动；当液压油从左进油孔 5 进入左腔时，便推动转轴逆时针方向回转。由于手部和回转轴 10 连成一个整体，故回转角度极限值由动片、定片之间允许回转的角度来决定。图示液压缸可以回转+90°或-90°。腕部旋转的位置控制采用机械挡块。固定挡块安装在刚体上，可调挡块与手部连接。当要求任意点定位时，可用位置检测元件对所需位置进行检测并加以反馈控制。

腕部用于和臂部连接，三根油管由臂内通过，并经腕架分别进入回转液压缸和手部驱动液压缸。如果能把上述转轴的直径设计得较大，并足以容纳手部驱动液压缸时，则可把转轴做成手部驱动液压缸的缸体，这就能进一步缩小腕部与手部的总轴向尺寸，使结构更加紧凑。图 5-21 所示为复合液压缸驱动的腕部结构。

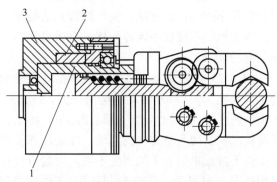

图 5-21　复合液压缸驱动的腕部结构

1—手部驱动液压缸；2—转子；3—腕部驱动液压缸

（2）机械传动的腕部结构　图 5-22 所示为三自由度的机械传动腕部结构，是个具有三根输入轴的差动轮系。腕部旋转使得附加的腕部结构紧凑、重量轻。从运动分析的角度看，这是一种比较理想的三自由度腕，这种腕部可使手运动灵活，适应性广。目前，它已成功地用于点焊、喷漆等通用机器人上。

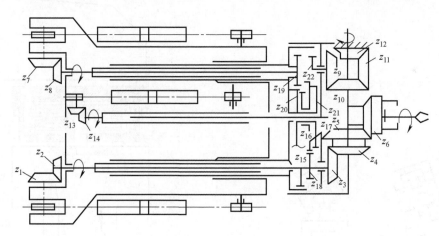

图 5-22　三自由度的机械传动腕部结构

四、手腕的典型结构

确定手部的作业方向一般需要三个自由度，这三个回转方向如下。

（1）臂转　绕小臂轴线方向的旋转。

（2）手转　使手部绕自身的轴线方向旋转。

（3）腕摆　使手部相对于臂进行摆动。

手腕结构的设计要满足传动灵活、结构紧凑轻巧、避免干涉的要求。多数机器人腕部结构的驱动部分安装在小臂上。首先设法使几个电动机的运动传递到同轴旋转的心轴和多层套筒上去，运动传入腕部后再分别实现各个动作。

在用机器人进行精密装配作业中，当被装配零件不一致，工件的定位夹具、机器人定位精度不能满足装配要求时，装配将非常困难，这就提出了柔顺性概念。

柔顺装配技术有两种：一种是从检测、控制的角度，采取各种不同的搜索方法，实现边校正边装配；另一种是从机械结构的角度在手腕部配置一个柔顺环节，以满足柔顺装配的要求。

图 5-23 所示是具有水平移动和摆动功能的浮动机构的柔顺手腕。水平移动浮动机构由平面、钢珠和弹簧构成，实现在两个方向上的浮动；摆动浮动机构由上、下球面和弹簧构成，实现两个方向的摆动。在装配作业中，如遇夹具定位不准或机器人手爪定位不准，可自行校正。其动作过程如图 5-24 所示，在插入装配中，工件在局部被卡住时会受到阻力，促使柔顺手腕起作用，使手爪有一个微小的修正量，工件便能顺利插入。图 5-25 所示是另一种结构形式的柔顺手腕，其工作原理与上述柔顺手腕相似。

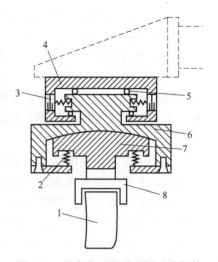

图 5-23　具有水平移动和摆动功能的
浮动机构的柔顺手腕

1—工件；2—弹簧；3—螺杆；
4—中间固定件；5—钢珠；
6—上部浮动件；7—下部浮动件；8—机械手

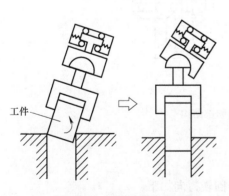

图 5-24　柔顺手腕动作过程

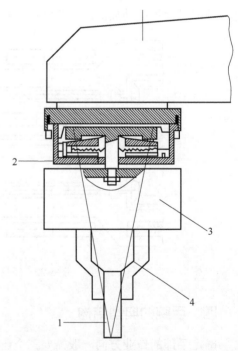

图 5-25　一种结构形式的柔顺手腕

1—工件；2—骨架；3—机械手驱动部；4—机械手

腕部实际所需要的自由度数目应根据机器人的工作性能要求来确定。在有些情况下，腕部具有 2 个自由度，即翻转和俯仰或翻转和偏转。一些专用机械手甚至没有腕部，但有些腕部为了满足特殊要求还有横向移动自由度。图 5-26 所示为 3 自由度手腕的结合方式示意图。

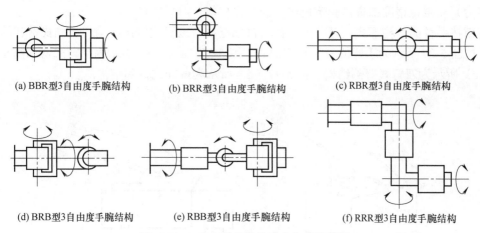

(a) BBR型3自由度手腕结构　　(b) BRR型3自由度手腕结构　　(c) RBR型3自由度手腕结构

(d) BRB型3自由度手腕结构　　(e) RBB型3自由度手腕结构　　(f) RRR型3自由度手腕结构

图 5-26　3 自由度手腕的结合方式示意图

任务 3　工业机器人的手臂结构

一、任务导入

说到手臂，我们首先会想到人的手臂，在讲述机器人手臂结构之前，大家先来想想人的手臂所处的位置以及作用，再推想一下机器人的手臂所处的位置及其作用。那么工业机器人手臂由哪些部分组成，在工作中起什么作用呢？工业机器人手臂的工作原理是什么呢？下面我们就来学习工业机器人的手臂。

二、手臂概述

机器人手臂是连接机身和手腕的部件，它的主要作用是确定手部的空间位置，满足机器人的作业空间要求，并将各种载荷传递到机座。

一般机器人手臂部件（简称臂部）是机器人的主要执行部件，它的作用是支撑腕部和手部，并带动它们在空间运动。机器人的手臂由大臂、小臂（或多臂）组成。手臂的驱动方式主要有液压驱动、气动驱动和电动驱动几种形式，其中电动驱动形式最为通用。因而，一般机器人手臂有 3 个自由度，即手臂的伸缩、左右回转和升降（或俯仰）。机器人的臂部主要包括臂杆以及与其伸缩、屈伸或自转等运动有关的构件，如传动机构、驱动装置、导向定位装置、支撑连接和位置检测元件等。此外，还有与腕部或手臂的运动和连接支撑等有关的构件、配管配线等。

机器人的手臂

三、臂部的分类

臂部按运动和布局、驱动方式、传动和导向装置，可分为伸缩型臂部结构、转动伸缩型臂部结构、驱伸型臂部结构、其他专用的机械传动臂部结构等几类。

手臂回转和升降运动是通过机座的立柱实现的，立柱的横向移动即为手臂的横移。手臂的各种运动通常由驱动机构和各种传动机构来实现，因此，它不仅仅承受被抓取工件的重量，而且承受末端执行器、手腕和手臂自身的重量。手臂的结构、工作范围、灵活性、抓重大小（即臂力）和定位精度都直接影响机器人的工作性能。

臂部按手臂的结构形式，可分为单臂式臂部结构、双臂式臂部结构和悬挂式臂部结构等三类。如图 5-27 所示为手臂的三种结构形式。图 5-27（a）、（b）所示为单臂式臂部结构；图 5-27（c）所示为双臂式臂部结构；图 5-27（d）所示为悬挂式臂部结构。

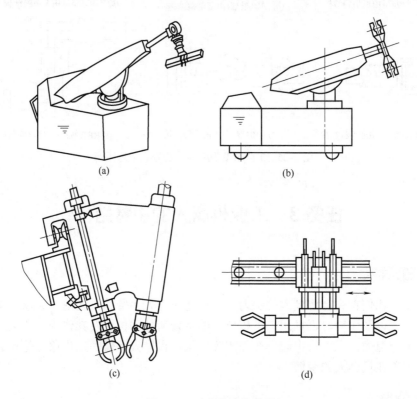

图 5-27　手臂的结构形式

臂部按手臂的运动形式，可分为直线运动型臂部结构、回转运动型臂部结构和复合运动型臂部结构等三类。

直线运动是指手臂的伸缩、升降及横向（或纵向）移动。回转运动是指手臂的左右回转，上下摆动（即俯仰）。复合运动是指直线运动和回转运动的组合，两直线运动的组合，两回转运动的组合。

四、手臂的运动机构介绍

1. 手臂直线运动机构

机器人手臂的伸缩、升降及横向（或纵向）移动均属于直线运动，而实现手臂往复直线运动的机构形式较多，常用的有活塞液压（气）缸、活塞缸和齿轮齿条机构、丝杠螺母机构及活塞缸和连杆机构等。

往复直线运动可采用液压或气压驱动的活塞液压（气）缸。由于活塞液压（气）缸的体积小、重量轻，因而在机器人手臂结构中应用比较多。双导向杆手臂的伸缩结构如图 5-28 所示。手臂和手腕是通过连接板安装在升降液压缸的上端。当双作用液压缸 1 的两腔分别通入压力油时，则推动活塞杆2（即手臂）做往复直线移动，导向杆3在导向套4内移动，以防手臂伸缩式的转动（并兼作手腕回转缸6及手部7的夹紧液压缸用的输油管道）。由于手臂的伸缩液压缸安装在两根导向杆之间，由导向杆承受弯曲作用，活塞杆只受拉压作用，故受力简单、传动平稳、外形整齐美观、结构紧凑。

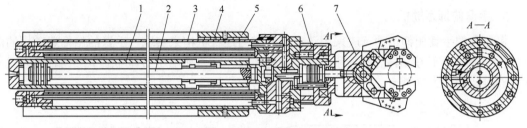

图 5-28　双导向杆手臂的伸缩结构

1—双作用液压缸；2—活塞杆；3—导向杆；4—导向套；5—支承座；6—手腕回转缸；7—手部

2. 手臂回转运动机构

实现机器人手臂回转运动的机构形式是多种多样的，常用的有叶片式回转缸、齿轮传动机构、链轮传动机构、连杆机构。下面以齿轮传动机构中活塞缸和齿轮齿条机构为例来说明手臂的回转。齿轮齿条机构是通过齿条的往复移动，带动与手臂连接的齿轮做往复回转运动，即实现手臂的回转运动。带动齿条往复移动的活塞缸可以由压力油或压缩气体驱动。手臂升降和回转运动的结构如图5-29所示。活塞液压缸两腔分别进压力油，推动齿条活塞做往复

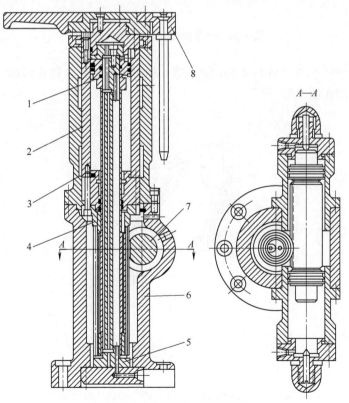

图 5-29　手臂升降和回转运动的结构

1—活塞杆；2—升降缸体；3—导向套；4—齿轮；5—连接盖；6—机座；7—齿条；8—连接板

移动（见 A—A 剖面），与齿条 7 啮合的齿轮 4 即做往复回转运动。由于齿轮 4、手臂升降缸体 2、连接板 8 均用螺钉连接成一体，连接板又与手臂固连，从而实现手臂的回转运动。升降液压缸的活塞杆通过连接盖 5 与机座 6 连接而固定不动，缸体 2 沿导向套 3 做上下移动，因升降液压缸外部装有导向套，故刚性好、传动平稳。

3. 手臂俯仰运动机构

机器人的手臂俯仰运动一般采用活塞液压缸与连杆机构来实现。手臂的俯仰运动用的活塞缸位于手臂的下方，其活塞杆和手臂用铰链连接，缸体采用尾部耳环或中部销轴等方式与立柱连接，如图 5-30 所示。

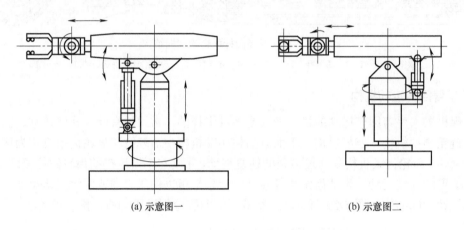

(a) 示意图一　　　　　　　　　　　　(b) 示意图二

图 5-30　手臂俯仰驱动缸安装示意图

采用铰接活塞缸 5、7 和连杆机构，使小臂 4 相对大臂 6 和大臂 6 相对立柱 8 实现俯仰运动，其结构示意图如图 5-31 所示。

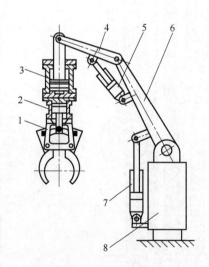

图 5-31　铰接活塞缸实现手臂俯仰的结构示意图

1—手臂；2—夹紧缸；3—升降缸；4—小臂；5,7—铰接活塞缸；6—大臂；8—立柱

4. 手臂复合运动机构

手臂复合运动机构多用于动作程序固定不变的专用机器人，它不仅使机器人的传动结构简单，而且可简化驱动系统和控制系统，并使机器人传动准确、工作可靠，因而在生产中应用得比较多。除手臂实现复合运动外，手腕和手臂的运动也能组成复合运动。

手臂（或手腕）的复合运动可以由动力部件（如活塞缸、回转缸、齿条活塞缸等）与常用机构（如凹槽机构、连杆机构、齿轮机构等）按照手臂的运动轨迹（即路线）或手臂和手腕的动作要求进行组合。

任务4 工业机器人的机身结构

一、任务导入

工业机器人必须有一个便于安装的基础件基座。机座往往与机身做成一体，机身与臂部相连，机身支承臂部，臂部又支撑腕部和手部。那么机器人有哪些典型机身结构呢？机器人机身与臂部之间如何配置呢？下面我们就来学习工业机器人的机身结构。

二、机身概述

机器人的机身（或称立柱）是直接连接、支撑和传动手臂及行走机构的部件。实现臂部各种运动的驱动装置和传动件一般都安装在机身上。臂部的运动越多，机身的受力越复杂。它既可以是固定式的，也可以是行走式的，即在它的下部装有能行走的机构，可沿地面或架空轨道运行。对于固定式机器人，机身直接连接在地面基础上；对于移动式机器人，机身则安装在移动机构上。它由臂部运动（升降、平移、回转和俯仰）机构及有关的导向装置、支撑件等组成。由于机器人的运动方式、使用条件、载荷能力各不相同，所采用的驱动装置、传动机构、导向装置也不同，致使机身结构有很大差异。

三、机身的典型结构

机器人的机身结构一般由机器人总体设计确定。例如，圆柱坐标机器人把回转与升降这两个自由度归属于机身；球坐标机器人把回转与俯仰这两个自由度归属于机身；关节坐标机器人把回转自由度归属于机身；直角坐标机器人有时把升降（Z 轴）或水平移动（X 轴）自由度归属于机身。下面介绍两种典型结构机身，即回转与升降机身和回转与俯仰机身。

机器人的机身

1. 回转与升降机身

回转与升降机身的特征如下。

① 油缸驱动，升降油缸在下，回转油缸在上，升降活塞杆的尺寸要大。

② 油缸驱动，回转油缸在下，升降油缸在上，回转油缸的驱动力矩要设计得大一些。

③ 链轮传动机构，回转角度可大于 360°。

如图 5-32 所示为链条链轮传动实现机身回转的原理图。图 5-32（a）所示为单杆活塞气缸驱动链条链轮传动机构，图 5-32（b）所示为双杆活塞气缸驱动链条链轮传动机构。

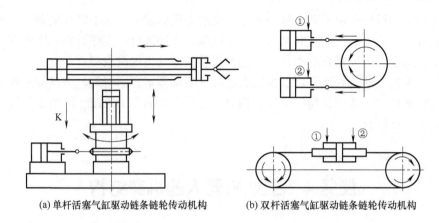

(a) 单杆活塞气缸驱动链条链轮传动机构　　　(b) 双杆活塞气缸驱动链条链轮传动机构

图 5-32　链条链轮传动实现机身回转的原理图

2. 回转与俯仰机身

机器人手臂的俯仰运动，一般采用活塞油（气）缸与连杆机构来实现。手臂俯仰运动用的活塞缸位于手臂的下方，其活塞杆和手臂用铰链连接，缸体采用尾部耳环或中部销轴等方式与立柱连接，如图 5-33 所示。此外，还有采用无杆活塞缸驱动齿条齿轮或四连杆机构实现手臂的俯仰运动的。

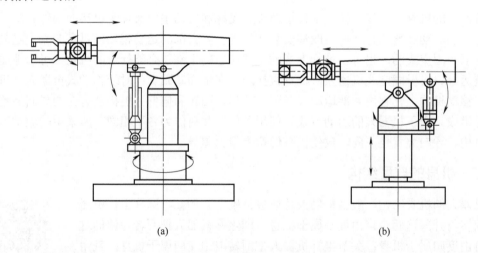

(a)　　　　　　　　　　　　　　(b)

图 5-33　回转与俯仰机身

四、机身与臂部的配置形式

机身和臂部的配置形式基本上反映了机器人的总体布局。机器人的运动要求、工作对象、作业环境和场地等因素的不同，出现了各种不同的配置形式。目前常用的有横梁式、立柱式、机座式、屈伸式等几种。

1. 横梁式

机身设计成横梁式，用于悬挂手臂部件，这类机器人的运动形式大多为移动式的。它具有占地面积小、能有效利用空间、直观等优点。横梁可设计成固定的或行走的，一般横梁安装在厂房原有建筑的柱梁或有关设备上，也可从地面架设。图 5-34 所示为横梁式机身。

2. 立柱式

立柱式机器人多采用回转型、俯仰型或屈伸型的运动形式，是一种常见的配置形式。一般臂部都可在水平面内回转，具有占地面积小、工作范围大的特点。立柱可固定安装在空地上，也可以固定在床身上。立柱式结构简单，服务于某种主机，承担上、下料或转运等工作。图 5-35 所示为立柱式机身。

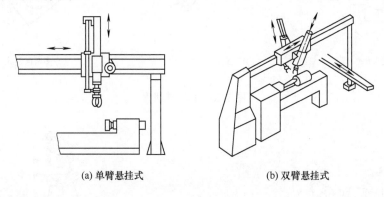

(a) 单臂悬挂式　　　　　　　　　　(b) 双臂悬挂式

图 5-34　横梁式机身

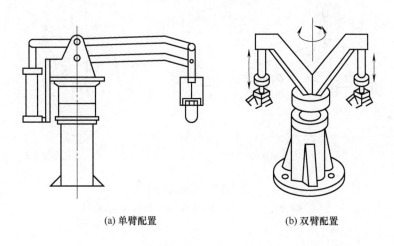

(a) 单臂配置　　　　　　　　　　(b) 双臂配置

图 5-35　立柱式机身

3. 机座式

机身设计成机座式，这种机器人可以是独立的、自成系统的完整装置，可以随意安放和搬动。也可以具有行走机构，如沿地面上的专用轨道移动，以扩大其活动范围。各种运动形式的机身均可设计成机座式的，如图 5-36 所示。

4. 屈伸式

屈伸式机器人的臂部由大小臂组成，大小臂间有相对运动，称为屈伸臂。屈伸臂与机身间的配置形式关系到机器人的运动轨迹，可以实现平面运动，也可以做空间运动，如图 5-37 所示。

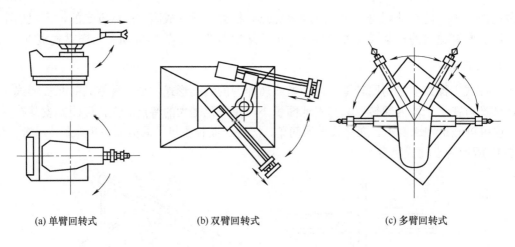

(a) 单臂回转式   (b) 双臂回转式   (c) 多臂回转式

图 5-36   机座式机身

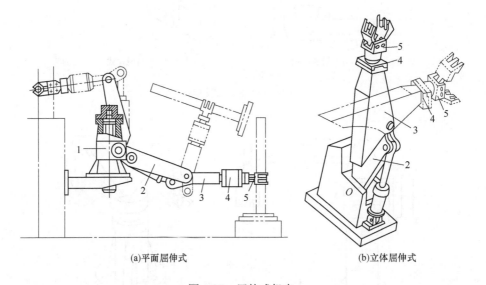

(a)平面屈伸式   (b)立体屈伸式

图 5-37   屈伸式机身

1—立柱；2—大臂；3—小臂；4—手部；5—机身

任务 5   工业机器人的驱动与传动

一、任务导入

　　通过前面任务的学习我们了解到，工业机器人的自由度多，运动速度较快，那么工业机器人就需要有专门的驱动系统和传动机构来驱使各部件动作机构的协同工作，因此，驱动系统和传动机构对工业机器人的性能和功能影响很大。那么，工业机器人驱动方式有哪些？传动机构有哪些？驱动系统的主要作用是什么呢？本任务主要学习工业机器人的驱动系统与传动机构。

二、工业机器人的驱动系统

工业机器人的驱
动系统

工业机器人驱动系统按动力源可分为液压驱动、气动驱动和电动驱动三种驱动类型。根据需要，可采用由三种基本驱动类型的一种或合成驱动系统。

1. 液压驱动

机器人的液压驱动将已有压力的油液作为传递的工作介质，用电动机带动油泵输出压力油，电动机供给的机械能转换成油液的压力能，压力油经过管道及一些控制调节装置等进入油缸，推动活塞杆运动，从而使手臂伸缩、升降，油液的压力能又转换成机械能。

手臂在运动时所能克服的摩擦阻力大小，以及夹持式手部夹紧工件时所需保持的握力大小，均与油液的压力和活塞的有效工作面积有关。手臂做各种动作的速度取决于流入密封油缸中油液面积的大小。借助运动着的压力油的体积变化来传递动力的液压传动称为容积式液压传动。

（1）液压系统的组成

① 油泵：供给液压系统，驱动系统压力油，将电动机输出的机械能转换为油液的压力能，用压力油驱动整个液压系统的工作。

② 液动机：压力油驱动运动部件对外工作的部分。手臂做直线运动的液动机称为手臂伸缩油缸；做回转运动的液动机，一般称为油马达；回转角度小于360°的液动机，一般称为回转油缸（或摆动油缸）。

③ 控制调节装置：各种阀类，如单向阀、溢流阀、换向阀、节流阀、调速阀、减压阀和顺序阀等，每种阀各起一定的作用，使机器人的手臂、手腕、手指等能够完成所要求的运动。

④ 辅助装置：如油箱、滤油器、储能器、管路和管接头以及压力表等。

（2）液压伺服驱动系统　液压驱动机器人分为程序控制驱动和伺服控制驱动两种类型。前者属非伺服型，用于有限点位要求的简易搬运机器人；液压驱动机器人中应用较多的是伺服控制驱动类型的，下面主要介绍液压伺服驱动系统。

液压伺服驱动系统由液压源、驱动器、伺服阀和控制回路组成，如图5-38所示。

液压泵将压力油供到伺服阀，给定位置指令值与位置传感器的实测值之差经放大器放大后送到伺服阀。当信号输入到伺服阀时，压力油被供到驱动器并驱动载荷。当反馈信号与输入指令值相同，驱动器便停止。伺服阀在液压伺服系统中是不可缺少的一部分，它利用电信号实现液压系统的能量控制。在响应快、载荷大的伺服系统中往往采用液压

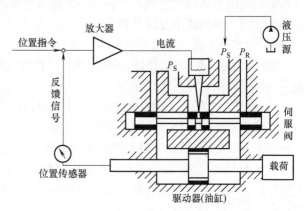

图5-38　工业机器人液压伺服驱动系统

驱动器，原因在于液压驱动器的输出力与重量比最大。电液伺服阀是电液伺服系统中的放大转换元件，它把输入的小功率信号，转换并放大成液压功率输出，实现执行元件的位移、速

度、加速度及力的控制。

2. 气动驱动

气动驱动机器人是指以压缩空气为动力源驱动的机器人。工业机器人气动驱动结构如图5-39所示。

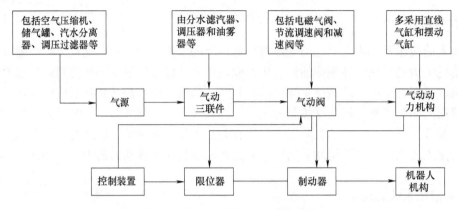

图5-39 工业机器人气动驱动结构

（1）气动驱动系统的组成 压缩空气是保证气动系统正常工作的动力源。一般工厂均设有压缩空气站。压缩空气站的设备主要是空气压缩机和气源净化辅助设备。

压缩空气为什么要经过净化呢？这是因为压缩空气中含有水汽、油气和灰尘，这些杂质如果被直接带入储气罐、管道及气动元件和装置中，就会引起腐蚀、磨损、阻塞等一系列问题，从而造成气动系统效率和寿命降低、控制失灵等严重后果。

（2）气源净化辅助设备 气源净化辅助设备有后冷却器、油水分离器、储气罐、过滤器等。

① 后冷却器：安装在空气压缩机出口处的管道上，它的作用是使压缩空气降温，因为一般的工作压力为0.8 MPa的空气压缩机排气温度高达140～170℃，压缩空气中所含的水和油（气缸润滑油混入压缩空气）均为气态。经后冷却器降温至40～50℃后，水汽和油气凝聚成水滴和油滴，再经油水分离器析出。

② 油水分离器：其功能是将水、油分离出去。

③ 储气罐：存储较大量的压缩空气，以供给气动装置连续和稳定的压缩空气，并可减少由于气流脉动所造成的管道振动。

④ 过滤器：空气过滤的目的是得到纯净而干燥的压缩空气能源。一般气动控制元件对空气的过滤要求比较严格，常采用简易过滤器过滤后，再经分水滤汽器一次过滤。

（3）气动执行机构 气动执行机构有气缸和气动马达（或气马达）两种。

气缸和气动马达（或气马达）是将压缩空气的压力能转换为机械能的一种能量转换装置。气缸输出力，驱动工作部分做直线往复运动或往复摆动；气动马达输出力矩，驱动机构做回转运动。

（4）空气控制阀和气动逻辑元件 空气控制阀是气动控制元件，它的作用是控制和调节气路系统中压缩空气的压力、流量和方向，从而保证气动执行机构按规定的程序正常地进行工作。

空气控制阀有压力控制阀、流量控制阀和方向控制阀三类。

气动逻辑元件是通过可动部件的动作，进行元件切换而实现逻辑功能的。采用气动逻辑元件给自动控制系统提供了简单、经济、可靠和寿命长的新途径。

3. 电动驱动

电动驱动（亦称电气驱动）是利用各种电动机产生的力或力矩，直接或经过减速机构去驱动机器人的关节，以获得所要求的位置、速度和加速度的驱动方法。电动驱动包括驱动器和电动机。对于电动驱动，第一个要解决的问题是，如何让电动机根据要求转动。一般来说，有专门的控制卡和控制芯片来进行控制。将微控制器和控制卡连接起来，就可以用程序来控制电动机。第二个要解决的问题是，控制电动机的速度，这主要表现在机器人或者手臂的实际运动速度上。机器人运动的快慢全靠电动机的转速，因此，需要控制卡对电动机的速度进行控制。

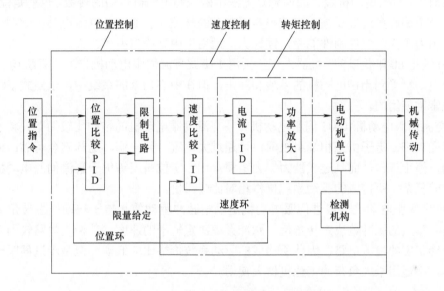

图 5-40　工业机器人电动驱动原理框图

（1）驱动器　伺服驱动器（亦称伺服控制器或者伺服放大器）是用来控制、驱动伺服电动机的一种控制装置，多数是采用脉冲宽度调制（PWM）进行控制驱动完成机器人的动作。为了满足实际工作对机器人的位置、速度和加速度等物理量的要求，通常采用如图 5-40 所示的驱动原理，由位置控制构成的位置环，速度控制构成的速度环和转矩控制构成的电流环组成。

驱动器的电路一般包括：功率放大器、电流保护电路、高低压电源、计算机控制系统电路等。根据控制对象（电动机）的不同，驱动器一般分为直流伺服电动机驱动器、交流伺服电动机驱动器、步进伺服电动机驱动器。

① 直流伺服电动机驱动器　直流伺服电动机驱动器一般采用 PWM 伺服驱动器，通过改变脉冲宽度来改变加在电动机电枢两端的电压进行电动机的转速调节。PWM 伺服驱动器具有调速范围宽、低速特性好、响应快、效率高等特点。

② 交流伺服电动机驱动器　交流伺服电动机驱动器通常采用电流型脉宽调制（PWM）变频调速伺服驱动器，将给定的速度与电动机的实际速度进行比较，产生速度偏差；根据速度偏差产生的电流信号控制交流伺服电动机的转动速度。交流伺服电动机驱动器具有转矩转

动惯量比高的优点。

③ 步进伺服电动机驱动器 步进伺服电动机驱动器是一种将电脉冲转化为角位移的执行机构，主要由脉冲发生器和功率放大器等部分组成。通过控制供电模块对步进电动机的各相绕组按合适的时序给步进伺服电动机进行供电；驱动器发送到一个脉冲信号，能够驱动步进伺服电动机转动一个固定的角度（称为步距角）。通过控制所发送的脉冲个数实现电动机的转角位移量的控制，通过控制脉冲频率实现电动机的转动速度和加速度的控制，达到定位和调速的目的。

（2）电动机 电动机是机器人电气驱动系统中的执行元件。常用的电动机有直流伺服电动机、交流伺服电动机和步进伺服电动机等。

① 直流伺服电动机（DC 伺服电动机） 直流伺服电动机是最普通的电动机，速度控制相对比较简单。直流电动机最大的问题是无法精确控制电动机转动的转数，也就是位置控制。必须加上一个编码盘进行反馈，来获得实际转动的转数。普通交、直流电动机驱动需加减速装置，输出力矩大，但控制性能差，馈性大，适用于中型或重型机器人。

在 20 世纪 80 年代以前，机器人广泛采用永磁式直流伺服电动机作为执行机构，近年来，直流伺服电动机受到无刷电动机的挑战和冲击，但在中小功率的系统中，永磁式直流伺服电动机还是常常使用的。

② 交流伺服电动机（AC 伺服电动机） 交流伺服电动机的结构比较简单，转子由磁体构成，直径较细；定子由三相绕组组成，可通过大电流，无电刷，运行安全可靠；适用于频繁的启动、停止工作，而且过载能力、力矩惯量比、定位精度等优于直流伺服电动机；但是其控制比较复杂，所构成的驱动系统价格相对比较昂贵。

③ 步进伺服电动机 步进伺服电动机是以电脉冲驱动使其转子转动产生转角值的动力装置。其中输入的脉冲数决定转角值，脉冲频率决定转子的速度。其控制电路较为简单，且不需要转动状态的检测电路，因此所构成的驱动系统价格比较低廉。但是步进伺服电动机的功率较小，不适用于大负荷的工业机器人使用。

三、工业机器人的传动机构

传动机构用来把驱动器的运动传递到关节和动作部位。机器人的传动系统要求结构紧凑、重量轻、转动惯量和体积小，要求消除传动间隙，提高其运动和位置精度。工业机器人传动装置除蜗杆传动、带传动、链传动和行星齿轮传动外，还常用滚珠丝杠传动、谐波传动、钢带传动、同步齿形带传动、绳轮传动、流体传动和连杆传动与凸轮传动。

1. 行星齿轮传动机构

图 5-41 所示为行星齿轮传动的结构简图。行星齿轮传动尺寸小，惯量低；一级传动比大，结构紧凑；载荷分布在若干个行星齿轮上，内齿轮也具有较高的承载能力。

2. 谐波传动机构

谐波传动在运动学上是一种具有柔性齿圈的行星传动，它在机器人上获得了比行星齿轮传动更加广泛的应用。

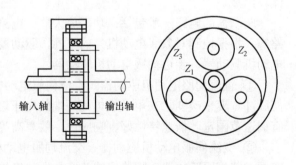

图 5-41 行星齿轮传动

谐波发生器通常由凸轮或偏心轮安装的轴承构成。刚轮为刚性齿轮，柔轮为能产生弹性变形的齿轮。当谐波发生器连续旋转时，产生的机械力使柔轮变形，变形曲线为一条基本对称的谐波曲线。发生器波数表示谐波发生器转一周时，柔轮某一点变形的循环次数。其工作原理是：当谐波发生器在柔轮内旋转时，迫使柔轮发生变形，同时进入或退出刚轮的齿间。在谐波发生器的短轴方向，刚轮和柔轮的齿间处于啮入或啮出的过程，伴随着发生器的连续转动，齿间的啮合状态依次发生变化，即产生啮入—啮合—啮出—脱开—啮入的变化过程，这种错齿运动把输入运动变为输出的减速运动。

图 5-42 所示为谐波传动机构的结构简图。由于谐波发生器 4 的转动使柔轮 6 上的柔轮齿圈 7 与刚轮（圆形花键轮）1 上的刚轮内齿圈 2 相啮合。输入轴为 3，如果刚轮 1 固定，则轴 5 为输出轴；如果轴 5 固定，则刚轮 1 的轴为输出轴。

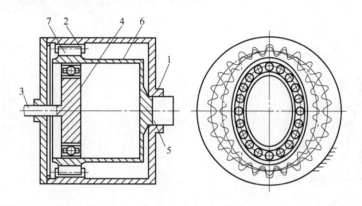

图 5-42　谐波传动机构的结构

1—刚轮；2—钢轮内齿圈；3—输入轴；4—谐波发生器；5—轴；6—柔轮；7—柔轮齿圈

谐波传动的优点是尺寸小、惯量低；因为误差均布在多个啮合点上，传动精度高；因为预载啮合，传动侧隙非常小；因为多齿啮合，传动具有高阻尼特性。

谐波传动的缺点是柔轮的疲劳问题；扭转刚度低；以输入轴速度 2、4、6 倍的啮合频率产生振动。与行星传动相比，谐波传动具有较小的传动间隙和较轻的重量，但是刚度差。

谐波传动机构在机器人技术比较先进的国家已得到了广泛的应用，日本 60%的机器人驱动装置采用了谐波传动。

3. 丝杠传动

丝杠传动有滑动式、滚珠式和静压式等。机器人传动用的丝杠具备结构紧凑、间隙小和传动效率高的特点。

滑动式丝杠螺母机构是连续的面接触，传动中不会产生冲击，传动平稳，无噪声，能自锁。因丝杠的螺旋升角较小，所以用较小的驱动转矩可获得较大的牵引力。但是，丝杠螺母螺旋面之间的摩擦为滑动摩擦，故传动效率低。滚珠丝杠传动效率高，而且传动精度和定位精度均很高，传动时灵敏度和平稳性也很好。由于磨损小，滚珠丝杠的使用寿命比较长，但成本较高。

图 5-43 所示为滚珠丝杠的基本组成。导向槽连接螺母的第一圈和最后两圈，使其形成滚动体可以连续循环的导槽。滚珠丝杠在工业机器人上的应用比滚柱丝杠多，因为后者结构尺寸大（径向和轴向），传动效率低。

　　图 5-44 所示为采用丝杠螺母传动的手臂升降机构。由电动机 1 带动蜗杆 2 使涡轮 5 回转，依靠涡轮内孔的螺纹带动丝杠 4 作升降运动。为了防止丝杠的转动，在丝杠上端铣有花键，与固定在箱体 6 上的花键套 7 组成导向装置。

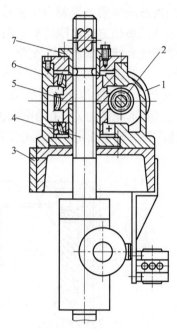

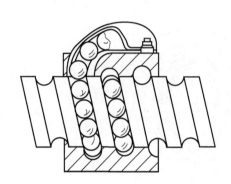

图 5-43　滚珠丝杠的基本组成　　　　　　图 5-44　丝杠螺母传动的手臂升降机构

1—电动机；2—蜗杆；3—臂架；4—丝杠；5—涡轮；6—箱体；7—花键套

4. 其他传动

　　工业机器人中常用的传动机构除谐波传动机构和丝杠传动机构外，还有其他的传动机构。下面介绍几种常用的机构。

　　① 活塞缸和齿轮齿条机构。齿轮齿条机构是通过齿条的往复运动，带动与手臂连接的齿轮做往复回转运动，即实现手臂的回转运动。带动齿条往复运动的活塞缸可以由压力油或压缩空气驱动。

　　② 链传动、传动带传动、绳传动。它们常用在机器人采用远距离传动的场合。链传动具有高的载荷/重量比。同步传动带传动与链传动相比，其重量轻，传动均匀平稳。

模 块 小 结

　　机器人机械结构的功能是实现机器人的运动机能，完成规定的各种操作，包括手臂、手腕、手爪和行走机构等部分。本模块任务 1 至任务 4 分别介绍了工业机器人手部、腕部、臂部和机身的机械部分构成及工作原理。机器人的"身驱"一般是粗大的基座，或称机架。机器人的"手"，则是多节杠杆机械——机械手，用于搬运物品、装卸材料、组装零件等；或握住不同的工具，完成不同的工作，如让机械手握住焊枪，可进行焊接；握住喷抢，可进行喷漆。机器人技术发展到智能化阶段，机械手也越来越灵巧了，它们已能完成握笔写字、弹奏乐器、抓起鸡蛋甚至穿针引线等精细复杂的工作。

　　任务5介绍了工业机器人的驱动系统和传动机构。驱动器相当于机器人的"肌肉"。根据机器人上使用的驱动器的不同，可分为三类：电动驱动器（电动机）、液压驱动器和气动驱动器。电动驱动器由电能产生动能，驱动机器人各关节动作。电动机器人能完成高速运动，具有传动机构少、成本低等优点，在现代工业生产中已基本普及。液压机器人具有精度高、反应速度快的优点。气动机器人由气动机构产生动力驱动关节运动。传动机构用于把驱动器产生的动力传递到机器人的各个关节和动作部位，实现机器人的平稳运动。

习　　题

　　1. 夹持式取料手由哪些部分组成？各部分的作用是什么？
　　2. 吸附式取料手由哪些部分组成？各部分的作用是什么？
　　3. 机器人腕部机构自由度及其组合方式有哪些？
　　4. 机器人臂部机构配置有哪几类？各有何特点？
　　5. 常见的机器人的机身有哪几种？
　　6. 常见的机器人的驱动系统的组成有哪些？
　　7. 简述谐波传动的优缺点。

模块六 工业机器人感知技术

如果要机器人与人一样有效地完成工作，那么机器人对外界状况进行判别的感知功能是必不可少的。没有感知功能的机器人只能是一种进行重复操作的机械，即通常所说的机械手。假如有了感觉，机器人就能够根据处理对象的变化而改变动作。人们希望机器人越来越智能，不仅具有自我学习、自我补偿、自我诊断能力，还具备神经网络。感知信息对于智能机器人和特殊环境作业的机器人尤为重要，是机器人进行决策规划和运动控制的基础。

人类的感知系统对感知外部世界信息是极其灵巧的，然而，对于一些特殊的信息，传感器比人类的感知系统更有效。机器人的感知系统主要靠具有感知不同信息的传感器构成，属于硬件部分，它们如同人类的感知器官一样，为机器人提供视觉、听觉、触觉、嗅觉、味觉、平衡感觉等对外部环境的感知能力，同时还能感知机器人本身的工作状态与位置，如图 6-0 所示。

图 6-0　工业机器人感知技术应用现场

那么，机器人的不同感受是如何实现的呢？

 知识目标

1. 了解什么是工业机器人传感器。
2. 熟悉内部传感器装置。
3. 熟悉外部传感器装置。
4. 了解工业机器人的视觉装置。

技能目标

1. 学会识别工业机器人的各种传感器。
2. 学会对工业机器人的传感器进行分类、分析。
3. 学会使用内部、外部传感器装置来实现目标。
4. 掌握工业机器人的视觉装置的使用。

 任务安排

序号	任务名称	任务主要内容
1	了解工业机器人传感器	了解传感器的概念 掌握传感器的特点
2	熟悉内部传感器装置	掌握机器人的位移传感器 掌握机器人的角度传感器
3	熟悉外部传感器装置	了解力或力矩传感器 了解触觉传感器 了解接近觉、滑觉、视觉、听觉、味觉传感器
4	了解视觉装置	了解光电转换器件 了解视觉传感器的分类 熟悉工业机器人视觉系统

任务1　了解工业机器人传感器

一、任务导入

传感器（transducer/sensor）在机器人的控制中起了非常重要的作用，正因为有了传感器，机器人才具备了类似人类的知觉功能和反应能力。传感器技术、通信技术和计算机技术是现代信息技术的三大基础学科，也被称为信息技术的三大支柱。从仿生学观点，如果把计算机看成处理和识别信息的"大脑"，把通信系统看成传递信息的"神经系统"的话，那么传感器就是自动检测控制系统的"感觉器官"。系统的自动化程度越高，对传感器的依赖性就越强。

传感器的概念

二、工业机器人传感器概述

传感技术是从自然信源获取信息，并对之进行处理（变换）和识别的一种多学科交叉的现代科学与工程技术，它涉及传感器（又称换能器）、信息处理和识别的规划设计、开发、制/建造、测试、应用及评价改进等活动。传感技术的核心，即为传感器，它是负责信息交互的必要组成部分。获取信息靠各类传感器，它们可感知各种物理量、化学量或生物量。传感器技术解决如何准确、可靠地获取控制系统中的各类信息，并结合通信技术和计算机技术完成对信息的传输和处理，最终对系统实现控制。传感器技术是工业机器人的基础技术之一。

传感器是一种能把特定的被测信号，按一定规律转换成某种"可用信号"输出的器件或装置，以满足信息的传输、处理、记录、显示和控制等要求。这里的"可用信号"，指便于处理、传输的信号，一般为电信号，如电压、电流、电阻、电容、频率等。

一般传感器由敏感元件（sensitive element）、转换元件（transduction element）及转换电路（transduction circuit）三部分组成，如图 6-1 所示。

三、传感器的特性

传感器的特性，主要指输出与输入之间的关系。当输入量为常量或变化极慢时，这一关系就称为静态特性；当输入量随时间变化时，就称为动态特性。

1. 传感器的静态特性

传感器的静态特性，是指传感器转换的被测量（输入信号）数值是常量（处于稳定状态）或变化极缓慢时，传感器的输出与输入的关系。如图 6-2 所示。

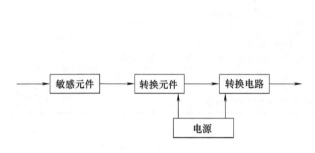

图 6-1　组成结构

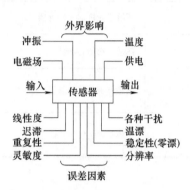

图 6-2　传感器的静态特性

传感器的静态特性指标主要有线性度、灵敏度、迟滞、重复性、最小检测量和分辨率、零点漂移、温漂等。

2. 传感器的动态特性

实际测量中，许多被测量是随时间变化的动态信号，这就要求传感器的输出不仅能精确地反映被测量的大小，还要能正确地再现被测量随时间变化的规律。传感器的动态性能指标有时域指标和频域指标两种，对于线性系统的动态响应研究，最广泛使用的模型是普通线性常系数微分方程。

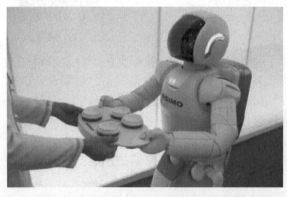

图 6-3　携带传感器的机器人在为人服务

四、机器人传感器

1. 机器人传感器的特点

机器人传感器是指能把智能机器人内外部环境感知的物理量、化学量、生物量变换为电学量输出的装置。通常来讲，机器人的感知就是借助于各种传感器来识别周边环境，相当于人的眼、耳、鼻、皮肤等。当前，智能机器人可以通过传感器实现某些类似于人类的知觉作用，如图6-3 所示，为人服务的机器人所应用的计算机视觉已经相当完善，如人脸识别、图像识别、定位测距等。

传感器的特点包括微型化、数字化、智能化、多功能化、系统化、网络化，机器人传感器具有以下特点。

① 具有和人的五官对应的功能，因此，其种类众多，高度集成化和综合化。

② 各种传感器之间联系紧密，信息融合技术是多种传感器之间协同工作的基础。

③ 传感器和信息处理之间联系密切，实际上传感器包括信息获取和处理两部分。

④ 传感器和执行器之间联系密切，传感器检测的信息处理后直接用于反馈控制，从而决定机器人的行动。

⑤ 传感器不仅要求体积小，易于安装，过载能力强，且对敏感材料的柔性和功能有特定的要求。

机器人传感器的分类

2. 机器人传感器的分类

机器人传感器可按多种方法分类，比如可分为接触式传感器和非接触式传感器、内传感器和外传感器、无源传感器和有源传感器、无扰动传感器和扰动传感器等。

非接触式传感器以某种电磁射线（如可见光、X 射线、红外线、雷达波、声波、超声波和电磁射线等）的形式来测量目标的响应。接触式传感器则以某种实际接触（如碰触、力或力矩、压力、位置、温度、电量和磁量等）形式来测量目标的响应。

根据检测对象的不同，可以分为内部传感器和外部传感器。内部传感器以它自己的坐标轴来确定其位置，而外部传感器则允许机器人相对其环境而定位。本书将以这种传感器的分类方法来讨论机器人传感器。

内部传感器装在操作机上，是用来检测机器人本身的状态（如手臂间的角度）的传感器，多为检测位置和角度的传感器。除此以外还可以检测速度、加速度、姿态、方向、倾斜等信息，用于机器人的精确控制。具体有位置传感器、角度传感器、速度传感器及加速度传感器等。

外部传感器，如视觉、触觉、力觉、距离等传感器，用来检测机器人的作业对象（如是什么物体）、所处环境（离物体的距离有多远等）及状况（如抓取的物体是否滑落）。用于获取作业对象及外界环境等方面的信息，是机器人与周围交互工作的信息通道。具体有接近觉传感器、距离传感器、触觉传感器、力觉传感器、视觉传感器等。

3. 工业机器人传感器的要求与选择

对于工业机器人用传感器，特别是对于用作反馈元件的传感器，一般要求具有以下特性。

① 可靠性高。因多用于恶劣环境，长时间连续工作，要求寿命长，无故障，一般不需要维修、保养。

② 尺寸小、重量轻、易于安装。由于装在手、臂、脚等狭小部位，要求轻小简便。

③ 精度高，重复性好。应能检测出绝对位置，且要求重复精度高。工业机器人的定位精度在很大程度上取决于传感器的分辨率和线性精度。

④ 抗干扰，稳定性好。要能承受强电磁干扰、电源波动和机械振动。受温度、湿度、振动、冲击等影响小。

⑤ 价格便宜，经济耐用。

工业机器人检测机构的选用，必须适应其控制方式的要求。例如，要考虑机器人是点位控制，还是连续轨迹控制；控制机构是开关型，还是伺服型；位置信号是模拟量，还是数字量；控制系统是开环还是闭环等。反过来说，检测机构又影响着机器人的伺服控制方式与系统构成情况，进而直接关系到工业机器人的功能和智能水平。

除此以外，工业机器人传感器还应满足一些特定要求。例如，要适应如物料搬运、装配、喷漆、焊接、检验等加工任务要求；要满足安全性要求及其他辅助工作要求等。因此，在选择传感器的时候要有针对性的进行，要根据具体的测量目的、测量对象及测量环境等合理地选用传感器。

4. 工业机器人传感器应用

（1）装配作业中的应用　如图 6-4 所示。

（2）机器人非接触式检测　如图 6-5 所示。

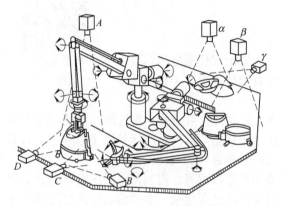

图 6-4　吸尘器自动装配实验系统

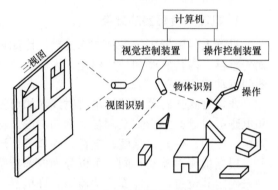

图 6-5　日立自主控制机器人工作示意图

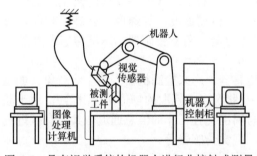

图 6-6　具有视觉系统的机器人进行非接触式测量

（3）利用视觉的自主机器人系统　如图 6-6 所示。

（4）多感觉智能机器人　如图 6-7 所示。

按照信息论中平均互信息的凸性，传感器的功能与品质决定了传感系统获取自然信息的信息量和信息质量，是高品质传感技术系统构造的第一个关键。信息处理包括信号的预处理、后置处理、特征提取与选择等。识别的主要任务是对经过处理的信息进行辨识与分类。它利用被识别（或诊断）对象与特征信息间的关联关系模型对输入的特征信息集进行辨识、比较、分类和判断。因此，传感技术是遵循信息论和系统论的。它包含了众多的高新技术，被众多的产业广泛采用。它也是现代科学技术发展的基础条件，应该受到足够的重视。

五、机器人传感器技术的发展趋势

未来机器人传感器技术的研究，除不断改善传感器的精度、可靠性和降低成本等外，随着机器人技术转向微型化、智能化，以及应用领域从工业结构环境拓展至深海、空间和其他人类难以进入的非结构环境，使机器人传感技术的研究与微电子机械系统、虚拟现实技术有更密切的联系。同时，对传感信息的高速处理技术、多传感器融合技术和完善的静、动态标定测试技术也将会成为机器人传感器研究和发展的关键技术。随着机器人技术的发展，适应未来机器人的感知系统及相关研究将成为主要研究方向，未来机器人传感器及相关研究包括以下方面。

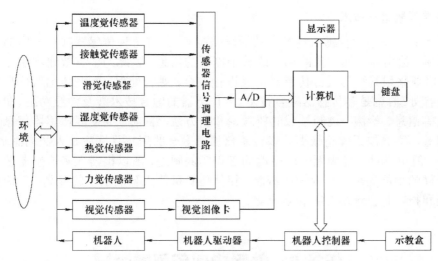

图 6-7 多感觉智能机器人示意框图

1. 多智能传感器技术

工业系统向大型、复杂、动态和开放的方向转变使传统的工业系统和机器人技术遇到了严重的挑战，分布式人工智能（distributed artificial intelligence，DAI）与多智能体系统（multi-agent system，MAS）理论为解决这些挑战提供了一种最佳途径。将 DAI 和 MAS 应用于工业和多机器人系统的结果，便产生了一门新兴的机器人技术领域——多智能体机器人系统（multi agent robot system，MARS）。在多智能体机器人系统中，最集中和关键的问题表现在其体系结构、相应的协调合作机制以及感知系统的规划和协商等。

2. 网络传感器技术

通信网络技术的发展完全能够将各种机器人传感器连接到计算机网络上，并通过网络对机器人进行有效控制。这种技术包括网络遥操作控制技术、网络化传感器和传感器网络化技术、众多信息组的压缩与扩展方法及传输技术等。

3. 虚拟传感器技术

虚拟传感器是对真实物理传感器的抽象表示，通过虚拟传感器可利用计算机软件仿真各种类型的机器人传感器，实现基于虚拟传感信息的控制操作。机器人虚拟传感器概念的提出并实际应用于机器人的实际控制操作，可望缓解目前由于缺少某些种类的传感器信息，或由于操作环境极端恶劣，目前还没有条件提供在该环境下工作的传感器信息，因此不能实现机器人理想操作控制的问题。并且，随着虚拟传感器研究的不断深入和功能完善，未来的虚拟传感器可以取代或部分取代某些实际的物理传感器，使机器人感知系统的构成简化、功能增强、成本降低。

4. 临场感技术

临场感技术以人为中心，通过各种传感器将远地机器人与环境的交互信息（包括视觉、力觉、触觉、听觉等）实时反馈到本地操作者处，生成和远地环境一致的虚拟环境，使操作者产生身临其境的感受，从而实现对机器人带感觉的控制，完成作业任务。临场感的实现不仅可以满足高技术领域发展的急需，如空间探索、海洋开发以及原子能应用等，而且可以广泛地应用于军事领域和民用领域。因此，临场感技术已成为目前机器人传感技术研究的热点之一。

5. 多传感器融合技术

由于系统中使用的传感器种类和数量越来越多,并且每种传感器都有一定的使用条件和感知范围,给出环境或对象的部分或整个侧面的信息,因此为了有效地利用这些传感器信息,就需要采用某种形式对传感器信息进行综合、融合处理,对多传感器信息依据某种准则来进行处理,就是多传感器融合技术。多传感器的融合技术涉及神经网络、知识工程、模糊理论等信息、检测、控制领域的新理论和新方法。目前,要使多传感器信息融合体系化尚有困难,而且缺乏理论依据。多传感器信息融合的理想目标应是人类的感觉、识别、控制体系,但由于对后者尚无一个明确的工程学的阐述,所以机器人多传感器融合体系要具备什么样的功能尚是一个模糊的概念。相信随着机器人智能水平的提高,多传感器信息融合理论和技术将会逐步完善和系统化。

任务 2 熟悉内部传感器装置

一、任务导入

机器人的内部传感器是用来检测机器人本身状态(如手臂间角度)的传感器,多为检测位置和角度的传感器。在工业机器人内部传感器中,位置传感器和速度传感器是当今机器人反馈控制中不可缺少的元件。现已有多种传感器大量生产,但倾斜角传感器、方位角传感器及振动传感器等用作机器人内部传感器的时间不长,其性能尚需进一步改进。

二、位移传感器

位移传感器

按照位移的特征可分为线位移和角位移。线位移是指机构沿着某一条直线运动的距离;角位移是指机构沿某一定点转动的角度。测量机器人关节线位移和角位移的传感器是机器人位置反馈控制中必不可少的元件。

1. 电位器式位移传感器

电位器式位移传感器由一个线绕电阻(或薄膜电阻)和一个滑动触点组成。其中滑动触点通过机械装置受被检测量的控制。当被检测的位置量发生变化时,滑动触点也相应发生位移,从而改变了滑动触点与电位器各端之间的电阻值和输出电压值,根据这种输出电压值的变化,就可以检测出机器人各关节的位置和位移量。

2. 直线型感应同步器

直线型感应同步器由定尺和滑尺组成。定尺和滑尺间保持一定的间隙,一般为 0.25mm 左右。在定尺上用铜箔制成单向均匀分布的平面连续绕组,滑尺上用铜箔制成平面分段绕组。绕组和基板之间有一厚度为 0.1mm 的绝缘层,在绕组的外面也有一层绝缘层,为了防止静电感应,在滑尺的外边还粘贴有一层铝箔。定尺固定在设备上不动,滑尺则可以在定尺表面来回移动。

3. 圆感应同步器

圆感应同步器主要用于测量角位移,它由定子和转子两部分组成。在转子上分布着连续绕组，绕组的导片是沿圆周的径向分布的。在定子上分布着两相扇形分段绕组，定子和转子的截面构造与直线型感应同步器是一样的，为了防止静电感应，在转子绕组的表面粘贴有一层铝箔。

角度传感器

三、角度传感器

1. 光电轴角编码器

光电轴角编码器是将圆光栅莫尔条纹和光电转换技术相结合，将机械轴转动的角度量转换成数字电信息量输出的一种现代传感器，作为一种高精度的角度测量设备广泛应用于自动化领域中。根据形成代码方式的不同，光电轴角编码器分为绝对式和增量式两大类。

绝对式光电编码器由光源、码盘和光电敏感元件组成。光学编码器的码盘是在一个基体上采用照相技术和光刻技术制作的透明与不透明的码区，分别代表二进制码"0"和"1"。对高电平"1"，码盘作透明处理，光线可以透射过去，通过光电敏感元件转换为电脉冲；对低电平"0"，码盘作不透明处理，光电敏感元件接收不到光，为低电平脉冲。光学编码器的性能主要取决于码盘的质量，光电敏感元件可以采用光电二极管、光电晶体管或硅光电池。为了提高输出逻辑电压，光学编码器还需要接各种电压放大器，而且每个轨道对应的光电敏感元件要接一个电压放大器，电压放大器通常由集成电路高增益差分放大器组成。为了减小光噪声的影响，在光路中要加入透镜和狭缝装置，狭缝不能太窄，且要保证所有轨道的光电敏感元件的敏感区都处于狭缝内。

增量式光电编码器的码盘刻线间距均等，对应每一个分辨率区间，可输出一个增量脉冲，计数器相对于基准位置（零位）对输出脉冲进行累加计数，正转则加，反转则减。增量式编码的优点是响应迅速、结构简单、成本低、易于小型化，广泛用于数控机床、机器人、高精度闭环调速系统及小型光电经纬仪中。码盘、敏感元件和计数电路是增量式光电编码器的主要元件。增量式光电编码器有三条光栅，A相与B相在码盘上互相错半个区域，在角度上相差90°。当码盘以顺时针方向旋转时，A相超前于B相首先导通；当码盘反方向旋转时，A相滞后于B相。采用简单的逻辑电路，就能根据A、B相的输出脉冲相序确定码盘的旋转方向。将A相对应敏感元件的输出脉冲送给计数器，并根据旋转方向使计数器作加法计数或减法计数，可以检测出码盘的转角位置。增量式光电编码器是非接触式的，其寿命长、功耗低、耐振动，广泛应用于角度、距离、位置、转速等的检测。

2. 磁性编码器

磁性编码器是近年发展起来的一种新型编码器，与光学编码器相比，磁性编码器不易受尘埃和结露影响、结构简单紧凑、可高速运转、响应速度快（达500～700kHz）、体积小、成本低。目前高分辨率的磁性编码器分辨率可达每圈数千个脉冲，因此，其在精密机械磁盘驱动器、机器人等各个领域旋转量（位置、速度、角度等）的检测和控制中有着广泛的应用。

磁性编码器由磁鼓和磁传感器磁头构成，高分辨率磁性编码器的磁鼓由在铝鼓的外缘涂敷一层磁性材料而成。磁头以前曾采用感应式录音机磁头，而现在多采用各向异性金属磁电阻磁头或巨磁电阻磁头，这种磁头采用光刻等微加工工艺制作，精度高、一致性好、结构简单，并且灵敏度高，其分辨率可与光学编码器相媲美。

3. 加速度传感器

随着机器人的高速比、高精度化，机器人的振动问题提上日程。为了解决振动问题，有时在机器人的运动手臂等位置安装加速度传感器,测量振动加速度,并把它反馈到驱动器上。加速度传感器一般有应变片加速度传感器、伺服加速度传感器、压电式加速度传感器及其他类型传感器。压电式加速度传感器,也称为压电式加速度计,其是利用压电效应制成的一种加速度传感器。其常见的结构形式是基于压电元件厚度变形的压缩式加速度传感器和基于压电元件剪切变形的剪切式和复合型加速度传感器。

任务3　熟悉外部传感器装置

一、任务导入

机器人外部传感器是用来检测机器人的作业对象(如是什么物体)、所处环境(如离物体的距离有多远等)及状况(如抓取的物体是否滑落)的传感器。为了检测作业对象及环境或机器人与它们之间的关系,在机器人上安装触觉传感器、视觉传感器、力觉传感器、接近觉传感器、超声波传感器、听觉传感器等外部传感器,大大改善了机器人的工作状况,使其能够更充分地完成复杂的工作。由于外部传感器为集多种学科于一身的产品,有些方面还在探索之中,随着外部传感器的进一步完善,机器人的功能越来越强大,将在许多领域为人类做出更大贡献。

二、力觉传感器

力觉是指对机器人的指、肢和关节等运动中所受力的感知。主要包括:腕力觉、关节力觉和支座力觉等,机器人在工作时,需要有合理的握力,握力太小或太大都不合适。因此,力觉传感器是某些特殊机器人中的重要传感器之一。力觉传感器的种类很多,根据被测对象的负载,可以把力觉传感器分为测力传感器(单轴力传感器)、力矩表(单轴力矩传感器)、手指传感器(检测机器人手指作用力的超小型单轴力传感器)和六轴力觉传感器。根据力的检测方式不同,力觉传感器可以分为:检测应变或应力的应变片式,应变片力觉传感器被机器人广泛采用;利用压电效应的压电元件式;用位移计测量负载产生的位移的差动变压器、电容位移计式。

力觉传感器通过弹性敏感元件将被测力或力矩转换成某种位移量或变形量,然后通过各自的敏感介质把位移量或变形量转换成能够输出的电量。机器人常用的力觉传感器分为以下三类。

装在关节驱动器上的力传感器,称为关节传感器,可以测量驱动器本身的输出力和力矩,并控制力反馈。

装在末端执行器和机器人最后一个关节之间的力传感器,称为腕力传感器,它可以直接测出作用在末端执行器上的力和力矩。

装在机器人手爪指(关节)上的力传感器,称为指力传感器,它用来测量夹持物体时的受力情况。

在选用力觉传感器时,首先要特别注意额定值,其次在机器人通常的力控制中,力的精度意义不大,重要的是分辨率。在机器人上实际安装使用力觉传感器时,一定要事先检查操作区域,清除障碍物。这对实验者的人身安全,以及保证机器人和外围设备不受损害有重要意义。

三、触觉传感器

触觉是机器人获取环境信息的一种仅次于视觉的重要知觉形式，是机器人实现与环境直接作用的必需媒介。与视觉不同，触觉本身有很强的敏感能力，可直接测量对象和环境的多种性质特征，因此，触觉不仅仅是视觉的一种补充。触觉的主要任务是为获取对象与环境信息和为完成某种作业任务而对机器人与对象、环境相互作用时的一系列物理特征量进行检测或感知。机器人触觉与视觉一样，基本上都是模拟人的感觉，广义上它包括接触觉、压觉、力觉、滑觉、冷热觉等与接触有关的感觉；狭义上它是机械手与对象接触面上的力感觉。触觉是接触、冲击、压迫等机械刺激感觉的综合，触觉可以用来进行机器人抓取，利用触觉可进一步感知物体的形状、软硬等物理性质。目前对机器人触觉的研究，主要集中于扩展机器人能力所必需的触觉功能，一般把检测感知和外部直接接触而产生的接触觉、压力、触觉及接近觉的传感器称为机器人触觉传感器。

在机器人中，触觉传感器主要有以下三方面的作用。

① 使操作动作适用，如感知手指同对象物之间的作用力，便可判定动作是否适当，还可以用这种力作为反馈信号，通过调整，使给定的作业程序实现灵活的动作控制。这一作用是视觉无法代替的。

② 识别操作对象的属性，如规格、质量、硬度等，有时可以代替视觉进行一定程度的形状识别，在视觉无法使用的场合尤为重要。

③ 用以躲避危险、障碍物等以防事故，相当于人的痛觉。

四、接近觉传感器

接近觉传感器介于触觉传感器与视觉传感器之间，不仅可以测量距离和方位，而且可以融合视觉和触觉传感器的信息。接近觉传感器可以辅助视觉系统的功能，来判断对象物体的方位、外形，同时识别其表面形状。因此，为准确定位抓取部件，对机器人接近觉传感器的精度要求比较高，接近觉传感器的作用可归纳如下：

① 发现前方障碍物，限制机器人的运动范围，以避免与障碍物发生碰撞。

② 在接触对象物前得到必要信息，如与物体的相对距离、相对倾角，以便为后续动作做准备。

③ 获取对象物表面各点间的距离，从而得到有关对象物表面形状的信息。

机器人接近觉传感器具有接触式和非接触式两种测量方法，以测量周围环境的物体或被操作物体的空间位置。接触式接近觉传感器主要采用机械机构完成；非接触接近觉传感器的测量根据原理不同，采用的装置各异。对机器人传感器而言，根据所采用的原理不同，机器人接近觉传感器可以分为机械式、感应式、电容式、超声波式和光电式等。

五、滑觉传感器

机器人要抓住属性未知的物体时，必须确定自己最适当的握力目标值，因此需检测出握力不够时所产生的物体滑动。利用这一信号，在不损坏物体的情况下，应牢牢抓住物体。为此目的设计的滑动检测器，称为滑觉传感器。

六、视觉传感器

每个人都能体会到眼睛对人来说多么重要，有研究表明，视觉获得的信息占人对外界感知信息的 80%。人类视觉细胞数量的数量级大约为 10^6，是听觉细胞的 300 多倍，是皮肤感觉细胞的 100 多倍。人工视觉系统可以分为图像输入（获取）、图像处理、图像理解、图像存储和图像输出几个部分，实际系统可以根据需要选择其中的若干部件。

七、听觉传感器

机器人在为人类服务的时候，需要能听懂主人的吩咐，即需要给机器人安装耳朵。声音是由不同频率的机械振动波组成的，外界声音使外耳鼓膜产生振动，中耳将这种振动放大、压缩和限幅并抑制噪声,经过处理的声音传送到中耳的听小骨,再通过卵圆窗传到内耳耳蜗，由柯蒂氏器、神经纤维进入大脑。内耳耳蜗充满液体，其中有由 30000 个长度不同的纤维组成的基底膜，它是一个共鸣器。长度不同的纤维能听到不同频率的声音，因此内耳相当于一个声音分析器。智能机器人的耳朵首先要具有接收声音信号的器官，其次还需要有语音识别系统。在机器人中常用的听觉传感器主要有动圈式传感器和光纤式传感器。

八、味觉传感器

味觉是指酸、咸、甜、苦、鲜等人类味觉器官的感觉。酸味是由氢离子引起的，比如盐酸、柠檬酸；咸味主要是由 NaCl 引起的；甜味主要是由蔗糖、葡萄糖等引起的；苦味是由奎宁、咖啡因等引起的；鲜味是由海藻中的谷氨酸钠、鱼和肉中的肌苷酸二钠、蘑菇中的鸟苷酸二钠等引起的。

在人类的味觉系统中，舌头表面味蕾上味觉细胞的生物膜可以感受味觉。味觉物质被转换为电信号，经神经纤维传至大脑。味觉传感器与传统的、只检测某种特殊的化学物质的化学传感器不同。目前某些传感器可以实现对味觉的敏感，如 pH 计可以用于酸度检测、导电计可用于碱度检测、比重计或屈光度计可用于甜度检测等。但这些传感器智能检测味觉溶液的某些物理、化学特性，并不能模拟实际的生物味觉敏感功能，测量的物理值要受到非味觉物质的影响。此外，这些物理特性还不能反应各味觉之间的关系，如抑制效应等。

实现味觉传感器的一种有效方法是使用类似于生物系统的材料做传感器的敏感膜，电子舌是用类脂膜作为味觉传感器，其能够以类似人的味觉感受方式检测味觉物质。从不同的机理看，味觉传感器采用的技术原理大致分为多通道类脂膜技术、基于表面等离子体共振技术、表面光伏电压技术等，味觉模式识别由最初神经网络模式发展到混沌识别。混沌是一种遵循一定非线性规律的随机运动,它对初始条件敏感,混沌识别具有很高的灵敏度，因此应用越来越广。目前较典型的电子舌系统有新型味觉传感器芯片和 SH-SAW 味觉传感器。

任务 4　了解视觉装置

一、任务导入

视觉传感器是机器人的眼睛。

在生产线上，人们常常需要观察产品，判断产品的质量或故障。但是人类的判断会因疲劳、个人差异等原因产生误差。但是机器却会不知疲倦地、稳定地进行下去。一般来说，机器视觉系统包括了照明系统、镜头、摄像系统和图像处理系统。对于每一个应用，我们都需要考虑系统的运行速度和图像的处理速度、使用彩色还是黑白摄像机、检测目标的尺寸还是检测目标有无缺陷、视场需要多大、分辨率需要多高、对比度需要多大等。从功能上来看，典型的机器视觉系统可以分为图像采集部分、图像处理部分和运动控制部分。

二、光电转换器件

人工视觉系统中，相当于眼睛视觉细胞的固体图像传感器有 CCD 图像传感器和 MOS 图像传感器等。由于能实现信息的获取、转换和视觉功能，能给出直观、真实多层次的可视图像信息，它们已得到了广泛的应用。

1. CCD 图像传感器

CCD（charge coupled device）是电荷耦合器件的简称。CCD 图像传感器采用 MOS 结构。如图 6-8（a）所示，P 型硅衬底上有一层 SiO_2 绝缘层，其上排列着多个金属电极，在电极上加正电压，电极下面产生势阱，势阱的深度随电压而变化。如果依次改变加在电极上的电压，势阱则随着电压的变化而发生移动，于是注入势阱中的电荷发生转移。根据电极的配置和驱动电压相位的变化，有二相时钟驱动和三相时钟驱动的传输方式。

CCD 图像传感器在硅衬底上配置光敏元件和电荷转移器件，通过电荷的依次转移，将多个像素的信息分时、顺序地取出来。这种传感器有二维线型图像传感器和二维面型图像传感器。二维面型图像传感器需要进行水平垂直两个方向扫描，有帧转移方式和行间转移方式，图 6-8 所示是帧转移式原理简图。

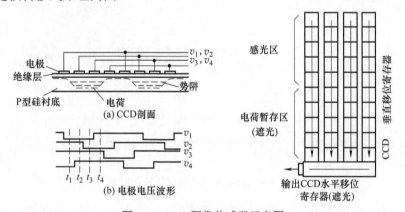

图 6-8　CCD 图像传感器示意图

2. MOS 图像传感器

MOS 图像传感器又称为自扫描光电二极管阵列，由光电二极管和 MOS 场效应管成对地排列在硅衬底上，构成 MOS 图像传感器。通过选择水平扫描线和垂直扫描线来确定像素的位置，使两个扫描线的交点上的场效应管导通,然后从与之成对的光电二极管取出像素信息。扫描是分时按顺序进行的。

三、视觉传感器的分类

视觉传感器根据检测的是平面还是立体的信息分为二维视觉传感器和三维视觉传感器两大类。

1. 二维视觉传感器

二维视觉传感器主要就是一个摄像头，它可以完成物体运动的检测以及定位等功能，二维视觉传感器已经应用了很长时间，许多智能相机可以配合协调工业机器人的行动路线，根据接收到的信息对机器人的行为进行调整。

2. 三维视觉传感器

最近三维视觉传感器逐渐兴起，三维视觉系统必须具备两个摄像机在不同角度进行拍摄，这样物体的三维模型可以被检测识别出来。相比于二维视觉系统，三维视觉系统可以更加直观地展现事物。

四、工业机器人视觉系统

1. 工业机器人视觉系统的基本原理

人的视觉通常是识别环境对象的位置坐标、物体之间的相对位置、物体的形状颜色等。由于人们生活在一个三维空间里，所以机器人的视觉也必须能够理解三维空间的信息，但是这个三维世界在人的眼球视网膜上成的像是一个二维的图像，人的大脑必须从这个二维图像出发，在脑子里形成一个三维世界的模型。人眼的视觉系统由光电变换（视网膜的一部分）、光学系统（焦点的调节）、眼球运动系统（水平、垂直、旋转运动）和信息处理系统（从视网膜到大的神经系统）等部分组成。类似人的视觉系统，机器人视觉系统通过图像和距离等传感器，取环境对象的图像、颜色和距离等信息，然后传递给图像处理器，利用计算机从二维的图像理解和构造出三维世界的真实模型。图 6-9 所示是机器人视觉系统的原理框图。

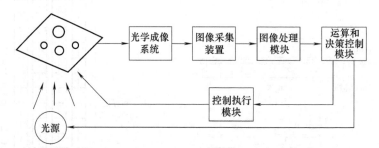

图 6-9　机器人视觉系统的原理框图

首先通过光学成像系统（一般用 CCD 摄像机）摄取目标场景，通过图像采集装置获取目标场景的二维图像信息，然后利用图像处理模块对二维图像信息进行图像处理，提取图像中的特征量并由此进行三维重建，得到目标场景的三维信息，根据计算出的三维信息，结合视觉系统应用领域的需求，进行决策输出，控制执行模块，实现特定的功能。

摄像机获取环境对象的图像，经 A/D 变换器转换成数字量，从而变成数字化图形。将一幅图像划分为 512×512 或者 256×256，各点亮度用 8 位二进制表示，即可表示 256 级灰度。图像输入以后进行各种各样的处理、识别以及理解，另外通过距离测定器得到距离信息，经计算机处理得到物体的空间位置和方位，通过彩色滤光片得到颜色信息。上述信息经图像处理器进行处理，提取特征，处理的结果再输出到机器人，以控制它进行动作。

另外，作为机器人的眼睛不但要对所得到的图像进行静止的处理，而且要积极地扩大视野，根据所观察的对象，改变眼睛的焦距和光圈。因此机器人视觉系统还应具有调节焦距、光圈、放大倍数和摄像机角度的装置。

2. 工业机器人视觉应用系统

工业机器人视觉的应用主要有以下几个方面。

自动拾取：提高拾取精度，降低机械固定成本。

传送跟踪：视觉跟踪传送带上移动的产品，进行精确定位及拾取。

精确放置：精确放置到装配和加工位置。

姿态调整：从拾取到放置过程中对产品姿态进行精确调整。

下面通过一实例介绍利用视觉识别抓取工件的工业机器人系统。

图 6-10 所示是美国通用汽车公司研究的一种在制造装置中安装的，且能在噪声环境下操作的机器人视觉系统，称为 Consight-I 型系统。该系统为了从零件的外形获得准确、稳定的识别信息，巧妙地设置照明光，从倾斜方向向传送带发送两条窄条缝隙光，用安装在传送带上方的固态线性摄像机摄取其图像，而且预先把两条缝隙光调整到刚好在传送带上重合的位置。这样，当传送带上没有零件时，缝隙光合成了一条直线，当零件随传送带通过时，缝隙光变成两条线，其分开的距离同零件的厚度成正比。由于光线的分离之处正好就是零件的边界，所以利用零件在传感器下通过的时间就可以取出准确的边界信息。主计算机可处理装在机器人工作位置上方的固态线

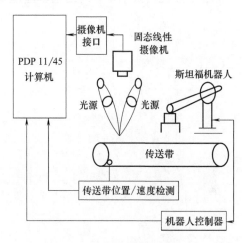

图 6-10 Consight-I 型系统

性阵列摄像机所检测的工作，有关传送带速度的数据也送到计算机中处理。当工件从视觉系统位置移动到机器人位置时，计算机利用视觉和速度数据确定工件的位置、取向和形状，并把这种信息经接口送到机器人控制器。根据这种信息，工件仍在皮带上移动时，机器人便能成功地接近和拾取工件。

模 块 小 结

本模块学习了有关机器人传感器的相关知识，包括光电转换器件、机器人的视觉传感器分类、工业机器人的视觉系统。

为了检测作业对象及环境或机器人与它们的关系，在机器人上安装了力觉传感器、触觉传感器、接近觉传感器、滑觉传感器、视觉传感器、听觉传感器甚至味觉传感器，大大改善了机器人的工作状况，使其能够更充分地完成复杂的工作。所以传感器在机器人中的应用是非常重要的。

习 题

1. 什么是传感器？

2. 传感器的静态特性和动态特性分别指什么？
3. 请列举一些非接触式传感器。
4. 当你为一台机器人选择传感器时，你的选择标准有哪些？
5. 内部传感器有哪些？请举例说明它们的实际应用。
6. 外部传感器有哪些？请举例说明它们的实际应用。
7. 机器人视觉的作用是什么？
8. 机器人视觉可以分为哪三个部分？
9. 工业机器人视觉系统的基本原理是什么？

模块七　工业机器人控制

广东某玻璃设备生产企业能生产玻璃直边机、斜边机、圆边机、异型机等多种类型的玻璃加工设备。该公司开发的玻璃直线磨边机，是对玻璃制品进行直边加工的专用设备。它的主要功能是磨去玻璃四周锋利的棱角，工作时由带轮把玻璃不断送入直边机，适用于平板玻璃的两组平行直线边的磨削。该设备是一种多功能的玻璃加工设备，可一次完成玻璃的粗磨、精磨、抛光和倒角等动作，适合对建筑玻璃、家具玻璃和无框门玻璃的深加工。设备的相关实物如图 7-1～图 7-3 所示。

图 7-1　待加工玻璃块　　　　　图 7-2　玻璃直边机　　　　　图 7-3　过渡转换台

该设备的不足之处在于：上下玻璃的动作由人工完成，自动化程度较低，劳动强度大。每块玻璃重达数十千克，人工搬运不便，容易产生疲劳，生产效率低下，且人为因素也会造成产品质量波动较大。此外，由于玻璃属于易碎的物品，在人工搬运操作中存在一些安全隐患，容易发生碰伤、划伤等意外情况，尤其是在上料的过程中，玻璃四周尚有锋利的棱角，极易划伤皮肤。一旦玻璃发生破裂，玻璃碎片也可能对操作者的身体造成伤害。

机器人在此类设备的应用，可以提高玻璃加工的自动化水平，减轻工人的劳动强度，保证劳动安全，提高产品质量，提高生产柔性和生产效率。在工业机器人的应用中，对控制系统的研制是机器人开发的核心内容。为了适应不同的应用场合，控制系统要求具有较高的柔性和开放性。

 知识目标

1. 了解机器人控制的定义、分类。
2. 了解机器人控制的特点及控制结构。
3. 掌握工业机器人控制系统的功能及组成。
4. 掌握工业机器人位置控制的基本结构及特点。
5. 掌握工业机器人力控制要解决的关键问题及研究前景。
6. 掌握工业机器人力与位置混合控制的方案及系统结构。

技能目标

1. 会分析工业机器人控制系统的基本组成并了解它们的功能。
2. 会分析工业机器人位置控制的基本控制结构。
3. 会分析工业机器人力、位置及混合控制中的关键问题及应用前景。

任务安排

序号	任务名称	任务主要内容
1	工业机器人控制的分类、变量与层次	了解工业机器人基本控制原则 掌握工业机器人控制器的分类 熟悉工业机器人主要控制变量 熟悉工业机器人主要控制层次
2	工业机器人控制系统的功能与组成	熟悉工业机器人控制系统的功能及特点 掌握工业机器人控制系统的结构组成 熟悉工业机器人控制技术发展现状
3	工业机器人的位置控制	熟悉工业机器人位置控制的基本结构 了解 PUMA 机器人的伺服控制结构 了解单关节位置控制器位置控制系统结构
4	工业机器人的力控制	掌握工业机器人力控制中的关键问题 了解工业机器人力控制研究的前景
5	工业机器人的力和位置混合控制	了解工业机器人在作业中力/位混合控制方案 了解工业机器人力/位混合控制系统结构

任务1　工业机器人控制的分类、变量与层次

一、任务导入

本任务将讨论工业机器人机械手的控制问题，设计与选择可靠又适用的工业机器人机械手控制器，并使机械手按规定的轨迹进行运动，以满足控制要求。首先将讨论机器人控制的基本原则，然后分别介绍与分析机器人的位置控制、力/位混合控制、分解运动控制、自适应模糊控制和神经控制等智能控制。

二、机器人的基本控制原则

研究机器人的控制问题是与其运动学和动力学问题密切相关的。从控制观点看，机器人系统代表冗余的、多变量和本质上非线性的控制系统，同时又是复杂的耦合动态系统。每个控制任务本身就是一个动力学任务。机器人控制系统分类和分析的主要方法如表 7-1 所示。在实际研究中，往往把机器人控制系统简化为若干个低阶子系统来描述。

1. 控制器分类

控制器分类

机器人控制器具有多种结构形式，包括非伺服控制、伺服控制、位置和速度反馈控制、力（力矩）控制、基于传感器的控制、非线性控制、分解加速度控制、滑模控制、最优控制、自适应控制、递阶控制以及各种智能控制等。

表 7-1　机器人控制系统分类和分析的主要方法

任务分类	把控制分为许多级、每级包括许多任务、把每个任务分成许多子任务
结构分类	把所有能施于同一结构部件的任务都由同一处理机来处理，并与其他处理机协调工作
混合分类	实际上并非把所有任务都施于所有的部件。在上述两种分类之间，往往有交迭

本节将讨论工业机器人常用控制器的基本控制原则及控制器的设计问题。从关节（或连杆）角度，可把工业机器人的控制器分为单关节（连杆）控制器和多关节（连杆）控制器两种。对于前者，设计时应考虑稳态误差的补偿问题；对于后者，则应首先考虑耦合惯量的补偿问题。

机器人的控制取决于其"脑子"，即处理器的研制。随着实际工作情况的不同，可以采用各种不同的控制方式，从简单的编程自动化、小型计算机控制到微处理机控制等。机器人控制系统的结构也可以大为不同，从单处理机控制到多处理机分级分布式控制。对于后者，每台处理机执行一个指定的任务，或者与机器人某个部分（如某个自由度与轴）直接联系。

下面的讨论不涉及结构细节，而与控制原理有关。

2. 主要控制变量

主要控制变量

图 7-4 表示一台机器人的各关节控制变量。如果要求机器人去抓起工件 A，那么就必须知道末端执行装置（如夹手）在任何时刻相对于 A 的状态，包括位置、姿态和开闭状态等。工件 A 的位置是由它所在工作台的一组坐标轴给出的，这组坐标轴叫做任务轴（R_0）。末端执行装置的状态是由这组坐标轴的许多数值或参数表示的，而这些参数是矢量 X 的分量。控制任务就是控制矢量 X 随时间变化的情况，即 $X(t)$，它表示末端执行装置在空间的实时位置。只有当关节 θ_1 至 θ_6 移动时，X 才变化。用矢量 $\theta(t)$ 表示关节变量 θ_1 至 θ_6。

各关节在力矩 C_1 至 C_6 作用下而运动，这些力矩构成矢量 $C(t)$。矢量 $C(t)$ 由各传动电动机的力矩矢量 $T(t)$ 经过变速机送到各个关节。这些电动机在电流或电压矢量 $V(t)$ 所提供的动力作用下，在一台或多台微处理机的控制下，产生力矩 $T(t)$。

对一台机器人的控制，本质上就是对下列双向方程式的控制。

$$V(t) \longleftrightarrow T(t) \longleftrightarrow C(t) \longleftrightarrow \theta(t) \longleftrightarrow X(t) \qquad (7\text{-}1)$$

3. 主要控制层次

主要控制层次

图 7-5 表示机器人的主要控制层次。由图可见，它主要分为三个控制级，即人工智能级、控制模式级和伺服系统级。现对它们进一步讨论如下。

（1）第一级：人工智能级

如果命令一台机器人去"把工件 A 取过来"那么如何执行这个任务呢？首先必须确定，该命令的成功执行至少是由于机器人能为该指令产生矢量 $X(t)$。$X(t)$ 表示末端执行装置相对工件 A 的运动。

表示机器人所具有的指令和产生矢量 $X(t)$ 以及这两者间的关系，是建立第一级（最高级）控制的工作。它包括与人工智能有关的所有可能问题，如词汇和自然语言理解、规划的产生以及任务描述等。

这一级仍处于研究阶段。我们将在后面进一步研究与智能控制级有关的问题。人工智能级在工业机器人上目前应用仍不够多，还有许多实际问题有待解决。

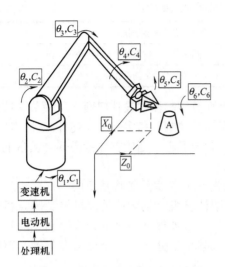

图 7-4　机械手各关节的控制变量

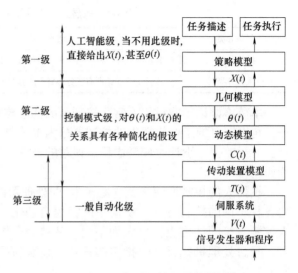

图 7-5　机器人的主要控制层次

（2）第二级：控制模式级

能够建立起这一级的 $X(t)$ 和 $T(t)$ 间的双向关系。必须注意到，有多种可供采用的控制模式。这是因为下列关系：

$$X(t)\longleftrightarrow\theta(t)\longleftrightarrow C(t)\longleftrightarrow T(t) \qquad (7-2)$$

实际上提出各种不同的问题。因此，要得到一个满意的方法，所提出的假设可能是极不相同的，这些假设适用于操作人员所具有的有关课题的知识深度以及机器人的应用场合。

考虑式（7-2），式中四个矢量之间的关系可建立四种模型：

$T(t)$	$C(t)$	$\theta(t)$	$X(t)$
传动装置模型	关节式机械系统的机器人模型	任务空间内的关节变量与被控制值间的关系模型	实际空间内的机器人模型

第一个问题是系统动力学问题。这方面存在许多困难，其中包括：

无法知道如何消除各连接部分的机械误差，如干摩擦和关节的挠性等。

即使能够考虑这些误差，但其模型将包含数以千计的参数，而且处理机将无法以适当的速度执行所有必需的在线操作。

第二个问题是控制对模型变换的响应。毫无疑问，模型越复杂，对模型的变换就越困难，尤其是当模型具有非线性时，困难将更大。

因此，在工业上一般不采用复杂的模型，而采用两种控制（又有很多变种）模型。这些控制模型是以稳态理论为基础的，即机器人在运动过程中依次通过一些平衡状态。这两种模型分别称为几何模型和运动模型。前者利用 X 和 θ 间的坐标变换，后者则对几何模型进行线性处理，并假设 X 和 θ 变化很小。属于几何模型的控制有位置控制和速度控制等；属于运动模型的控制有变分控制和动态控制等。

（3）第三级：伺服系统级

第三级所关心的是机器人的一般实际问题。在此，必须指出下列两点。

① 控制第一级和第二级并非总是截然分开的。是否把传动机构和减速齿轮因为第二级，是一个问题。这个问题涉及解决下列问题：

$$V \leftrightarrow T \qquad\qquad (7\text{-}3)$$

或

$$V \leftrightarrow T \leftrightarrow C \qquad\qquad (7\text{-}4)$$

② 当前的趋向是研究具有组合减速齿轮的电动机，它能直接安装在机器人关节上，不过这样的结果又产生惯性力矩和减速比的问题，这是需要进一步解决的。

一般的伺服系统是模拟系统，但它们已越来越普遍地为数字控制伺服系统所代替。

任务 2　工业机器人控制系统的功能和组成

一、任务导入

机器人控制系统是为机器人的功能服务的。简单的功能可用简单的控制结构实现，而机器人复杂功能的实现则有赖于控制灵活、精度高、运算速度快、运行稳定的控制系统与之相适应。

那么工业机器人控制系统的功能及特点有哪些呢？

控制系统结构
组成框图

二、工业机器人控制系统结构组成

工业机器人的控制系统应具有以下特点。

① 工业机器人的控制与其机构运动学和动力学有着密不可分的关系，因而要使工业机器人的臂、腕及末端执行器等部位在空间具有准确无误的位姿，就必须在不同的坐标系中描述它们，并且随着基准坐标系的不同而要做适当的坐标变换，同时要经常求解运动学和动力学问题。

② 描述工业机器人状态和运动的数学模型是一个非线性模型，随着工业机器人的运动及环境而改变。又因为工业机器人往往具有多个自由度，所以引起其运动变化的变量不止一个，而且各个变量之间一般都存在耦合问题。这就使得工业机器人的控制系统不仅是一个非线性系统，而且是一个多变量系统。

③ 对工业机器人的任一位姿都可以通过不同的方式和路径达到，因而工业机器人的控制系统还必须解决优化的问题。

工业机器人控制系统的结构大体可概括为以下几种方式：集中控制方式、主从控制方式和分散控制方式。

1. 集中控制方式

用一台计算机实现全部控制功能，包括程序管理、坐标计算、I/O 控制等一系列控制功能。这种控制方式具有结构简单、成本低的特点，但控制系统的实时性差，计算速度慢，扩展起来比较困难，其构成框图如图 7-6 所示。

2. 主从控制方式

就是用两个处理器（用主、从两级处理器）来实现系统的全部控制功能。两个处理器彼此独立，各司其职，但又相互协调，密切配合。主 CPU 主要实现轨迹生成、坐标变换、系统诊断等功能；从 CPU 主要进行关节的动作控制。由于从 CPU 分担了主 CPU 的部分工作，因此控制系统的计算和响应速度更快。主从控制方式的构成框图如图 7-7 所示。主从控制方式系统实时性较好，可用于高精度、高速度控制的场合，但由于系统结构是固定的，没有较好的扩展性，维修不便。

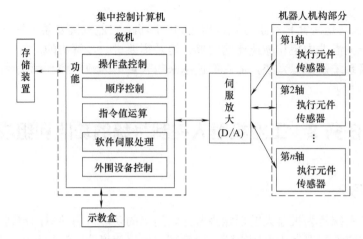

图7-6　机器人集中控制方式

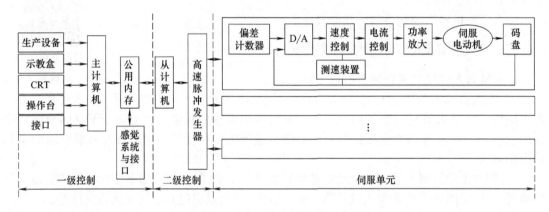

图7-7　机器人主从控制方式

3. 分散控制方式

这种控制系统按控制功能或性质把系统分成几个不同的模块，每个模块的控制任务和控制算法可以不同，它们之间的关系可以是主从式的，也可以是平等的。这种系统采用多个微处理器作为控制核心，它以多个微处理器为核心，对各个功能模块进行分散控制，单独进行数据采集，各个模块之间通过通信系统与主控制器建立联系。这种结构的控制系统适时性好，易于实现高速、高精度控制，同时系统扩展也比较容易，并可以实现智能控制。目前采用这种结构的控制系统较多，是当前流行的控制方式，其控制框图如图 7-8 所示。

三、工业机器人控制技术发展现状

对工业机器人的控制主要包括力控制、速度控制和位置控制。目前，工业机器人正在向多台机器人联机控制的方向发展，这不仅可以提高工作效率，还可以优化现场结构，提高产品质量。同时，工业机器人的控制安全也引起了人们高度的重视。工业机器人的控制功能从简单到复杂，从人工干预到智能控制，正在发生着巨大的变化。当前工业机器人大都拥有自己的控制系统，各机器人控制程序之间的通用性和可移植性差。为了增强机器人的灵活性，不少人对机器人的通用控制进行了研究。系统的通用性好，就可能用于不同机器人的控制，移植方便。

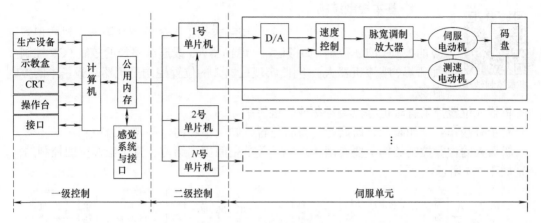

图 7-8　机器人分散控制方式

在机器人技术的发展过程中，人们对机器人的控制技术进行了许多有益的探索，形成了许多先进的控制算法，有力地推动了机器人技术的发展。作为机器人的核心部分，机器人控制技术大致经历了经典控制技术、现代控制技术和智能控制技术的发展过程。机器人驱动电机常用交流伺服电机，控制系统对电机的控制算法有 PI 控制、模糊控制、神经网络控制、滑模变结构控制、反馈线性控制、自适应控制和自抗扰控制等。自适应控制根据机器人外部信息来调整机器人的动作，是机器人中比较高端的控制技术，含有一定的智能因素。如赵庆波等人研究的采摘机器人视觉伺服控制系统，依靠外界图像来控制机器人的动作，便含有一定的自适应能力。此外，还有人对控制系统的设计提出了分离设计的思想，即把控制系统分为操作部分和应用部分，便于程序的移植。这些控制算法各有优点，为了得到最佳的控制效果，必须根据机器人使用的功能要求来选择最合适的算法。

任务3　工业机器人的位置控制

一、任务导入

我们知道，工业机器人为串续连杆式机械手，其动态特性具有高度的非线性。要控制这种由马达驱动的操作机器人，用适当的数学方程式来表示其运动是十分重要的。这种数学表达式就是数学模型，或简称模型。控制机器人运动的计算机，运用这种数学模型来预测和控制将要进行的运动过程。

由于机械零部件比较复杂，例如，机械部件可能因承受负载而弯曲，关节可能具有弹性以及机械摩擦（它是很难计算的）等，所以在实际上不可能建立起准确的模型。一般采用近似模型。尽管这些模型比较简单，但却十分有用。

在设计模型时，提出下列两个假设：

① 机器人的各段是理想刚体，因而所有关节都是理想的，不存在摩擦和间隙。

② 相邻两连杆间只有一个自由度，要么为完全旋转的，要么是完全平移的。

二、位置控制的基本结构

1. 基本控制结构

基本控制结构

许多机器人的作业是控制机械手末端工具的位置和姿态，以实现点到点的控制（PTP 控制，如搬运、点焊机器人）或连续路径的控制（CP 控制，如弧焊、喷漆机器人）。因此实现机器人的位置控制是机器人最基本的控制任务。

机器人位置控制有时也称位姿控制或轨迹控制。

对于有些作业，如装配、研磨等，只有位置控制是不够的，还需要力控制。

机器人的位置控制结构主要有两种形式：关节空间控制结构和直角坐标空间控制结构，分别如图 7-9 所示。

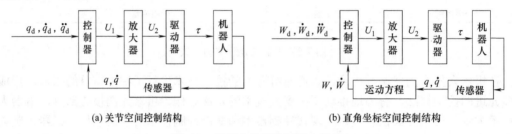

(a) 关节空间控制结构　　　　　　　(b) 直角坐标空间控制结构

图 7-9　机器人位置控制基本结构

运行中的工业机器人一般采用图 7-9（a）所示控制结构。该控制结构的期望轨迹是关节的位置、速度和加速度，因而易于实现关节的伺服控制。这种控制结构的主要问题是：由于往往要求的是在直角坐标空间的机械手末端运动轨迹，因而为了实现轨迹跟踪，需将机械手末端的期望轨迹经逆运动学计算变换为在关节空间表示的期望轨迹。

2. PUMA 机器人的伺服控制结构

机器人控制器一般均由计算机来实现。计算机的控制结构具有多种形式，常见的有集中控制、分散控制和递阶控制等。图 7-10 表示 PUMA 机器人两级递阶控制的结构图。

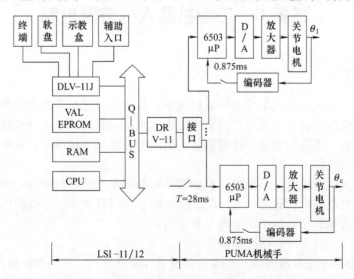

图 7-10　PUMA 机器人两级递阶控制的结构图

机器人控制系统是以机器人作为控制对象的，它的设计方法及参数选择，仍可参照一般计算机控制系统。不过，用得较多的仍是连续系统的设计方法，即首先把机器人控制系统当作连续系统进行设计，然后将设计好的控制规律离散化，最后由计算机来加以实现。对于有些设计方法（如采用自校正控制的设计方法），则采用直接离散化的设计方法，即首先将机器人控制对象模型离散化，然后直接设计出离散的控制器，再由计算机实现。

现有的工业机器人大多采用独立关节的 PID 控制。图 7-10 所示 PUMA 机器人的控制结构即为一典型。然而，由于独立关节 PID 控制未考虑被控对象（机器人）的非线性及关节间的耦合作用，因而控制精度和速度的提高受到限制。

3. 单关节位置控制器

采用常规技术，通过控制每个连杆或关节来设计机器人的线性反馈控制器是可能的。重力以及各关节间的相互作用力的影响，可由预先计算好的前馈来消除。为了减少计算工作量，补偿信号往往是近似的，或者采用简化计算公式。

三、位置控制系统结构

市场上供应的工业机器人，关节数多为 3～7 个。最典型的工业机器人具有 6 个关节，存在 6 个自由度，带有夹手（通常称为手或末端执行装置）。辛辛那提-米拉克龙 T3、尤尼梅逊的 PUMA650 和斯坦福机械手都是具有 6 个关节的工业机器人，并分别由液压、气压或电气传动装置驱动。其中，斯坦福机械手具有反馈控制，其一个关节控制方框图如图 7-11 所示。从图可见，它有个光学编码器，与测速发电机一起组成位置和速度反馈。这种工业机器人是一种定位装置，它的每个关节都有一个位置控制系统。

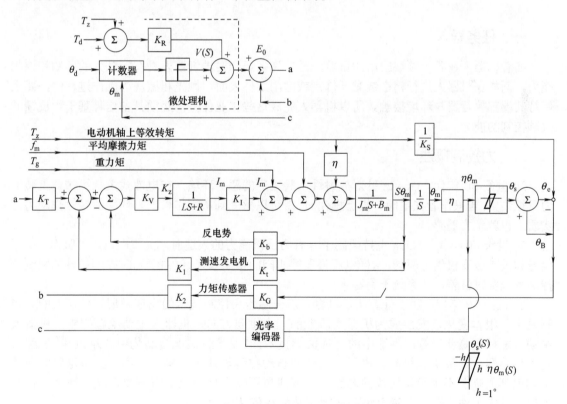

图 7-11 斯坦福机械手的位置控制系统方框图

如果不存在路径约束,那么控制器只要知道夹手要经过路径上所有指定的转弯点就够了。控制系统的输入是路径上需要转弯点的笛卡儿坐标,这些坐标点可能通过两种方法输入:

① 以数字形式输入系统;

② 以示教方式供给系统,然后进行坐标变换,即计算各指定转弯点处在笛卡儿坐标系中的相应关节坐标 $[q_1, K, q_6]$。计算方法与坐标点信号输入方式有关。

对于数字输入方式,对 $f^{-1}[q_1, K, q_6]$ 进行数字计算;对于示教输入方式,进行模拟计算,其中,$f^{-1}[q_1, K, q_6]$ 为 $f[q_1, K, q_6]$ 的逆函数,而 $f[q_1, K, q_6]$ 为含有 6 个坐标数值的矢量函数,最后,对机器人的关节坐标点逐点进行定位控制。假如允许机器人依次只移动一个关节,而把其他关节锁住,那么每个关节控制器都很简单。如果多个关节同时运动,那么各关节间力的互相作用会产生耦合,使控制系统变得复杂。

四、多关节位置控制器

锁住机器人的其他关节而依次移动一个关节,这种工作方法显然是低效率的。这种工作过程使执行规定任务的时间变得过长,因而是不经济的。不过,如果要让一个以上的关节同时运动,那么各运动关节间的力和力矩会产生相互作用,而且不能对每个关节适当地应用前述位置控制器。因此,要克服这种相互作用,就必须附加补偿作用。要确定这种补偿,就需要分析机器人的动态特征。

任务 4　工业机器人的力控制

一、任务导入

随着机器人在各个领域应用的日益广泛,许多场合要求机器人具有接触力的感知和控制能力,例如在机器人进行精密装配、修刮或磨削工件表面,抛光和擦洗等操作过程中,要求保持其端部执行器与环境接触。所以机器人完成这些作业任务,必须具备这种基于力反馈的柔顺控制的能力。

二、力控制概述

20 世纪 50 年代,Goertz 针对放射性实验工厂的恶劣环境,在电液式主从机械臂上装上力反馈装置,当操作者在主操作机上操作时,就可以感受到从操作机上与环境的接触作用力,实质上也就是力遥感。

20 世纪 60 年代,Mann 主持研制了具有力反馈能力的人造肘。关节电机由"肌肉"电极信号和关节应变仪信号驱动,这样电流将发挥肌肉的作用效果。但由于当时控制条件的限制,控制系统实时性差,故系统不易稳定。

20 世纪 70 年代,随着计算机、机器人、传感器和控制技术的飞速发展,机器人的力控制发生了根本变化,发展成为机器人研究的一个主要方向:机器人主动柔顺控制。机器人主动柔顺控制是新兴智能制造中的一项关键技术,也是柔性装配自动化中的难点和"瓶颈",它集传感器、计算机、机械、电子、力学和自动控制等众多学科于一身,其理论研究和技术实现都面临着不少亟待解决的难题。研究成果不仅在理论上具有重要意义,而且在技术上也可以实现曲面跟踪、牵引运动和精密装配等依从运动控制。

三、力控制中的关键问题

机器人控制中需解决四大关键问题：
① 位置伺服；
② 碰撞冲击及稳定性研究；
③ 未知环境的约束研究；
④ 力传感器。

1. 位置伺服

机器人的力控制最终是通过位置控制来实现，所以位置伺服是机器人实施力控制的基础，力控制研究的目的之一是实现精密装配；另外，约束运动中机器人终端与刚性环境相接触时，微小的位移量往往产生较大的环境约束力。因此位置伺服的高精度是机器人力控制的必要条件。经过几十年的发展，单独的位置伺服已达到较高水平。因此，针对力控制力/位之间的强耦合，必须有效解决力/位混合后的位置伺服。

2. 碰撞冲击及稳定性

稳定性是机器人研究中的难题，力控制稳定性为机器人控制中的重要环节。现有的研究主要从碰撞冲击和稳定性两方面进行研究。

（1）碰撞冲击 机器人力控制过程中，必然存在机器人与环境从非接触到接触的自然转换，理想状况是当接触到环境后立即停止运动，尽可能避免大的冲击，但由于惯性大且实时性差，极难达到。Toumi 根据能量关系建立起碰撞冲击动力学模型并设计出力调节器，其实质是用比例力控制器加上积分控制器和一个平行速度反馈补偿器，有望获得较好的力跟踪特性。

（2）稳定性 力控制中普遍存在响应速度和系统稳定矛盾，因此提高系统响应速度和防止系统不稳定是力控制研究中亟待解决的问题之一。Roberts 研究了腕力传感器刚度对力控制中动力学的影响，提出了在高刚度环境中使用柔软力传感器，能获得稳定的力控制，并和 Stepien 一起研究了驱动刚度在动力学模型中的作用。

3. 未知环境的约束

在力控制研究中，表面跟踪为极为常见的典型依从运动。但环境的几何模型往往不能精确得到，多数情况是未知的。因此对未知环境的几何特征作在线估计，或者根据机器人在该环境下作业时的受力情况实时确定力控方向（表面法向）和位控方向（表面切向），实际为机器人力控制的重要问题。

4. 力传感器

传感器直接影响着力控制性，精度高（分辨率、灵敏度和线性度等）、可靠性好和抗干扰能力强是机器人力传感器研究的目标。就安装部位而言，可分为关节式力传感器、手腕式力传感器和手指式力传感器。

关节式力/力矩传感器使用应变片进行力反馈，由于力反馈是直接加在被控制关节上，且所有的硬件用模拟电路实现，避开了复杂计算难题，响应速度快。从实验结果看，控制系统具有高增益和宽频带。但通过实验和稳定性分析发现，减速机构摩擦力影响力反馈精度，因而使得关节控制系统产生极限环。

手腕式力传感器被安装于机器人手爪与机器人手腕的连接处，它能够获得在机器人手爪实际操作时大部分的力信息，另外由于精度高（分辨率、灵敏度和线性度等）、可靠性好、使用方便缘故，所以是力控制研究中常用的一种力传感器。

手指式力传感器，一般通过应变片测量而产生多维力信号，常用于小范围作业如灵巧手抓鸡蛋等实验，精度高，可靠性好，渐渐成为机器人力控制研究的一个重要方向。

四、机器人力控制研究的前景

主动和被动的有机结合，对避免机器人与环境从非接触到接触的自然转换时的碰撞冲击，具有决定性作用，此为机器人力控制的必然趋势。智能力控制策略中的记忆、运算、比较、鉴别、判断、决策、学习和逻辑推理等概念和方法必须有效融合在一起，作为人工智能的重要部分，也是机器人力控制和主动柔顺控制研究的发展趋势。关于力控制的应用主要表现在以下几个方面。

1. 装配操作

典型作业包括插销入孔、旋拧螺钉、摇转曲柄、搬运堆放重物等。控制效果的评价指标一般为装配间隙、受力状况和操作时间等方面。

2. 表面跟踪

典型作业包括擦洗飞机、刮擦玻璃、修理工件表面（去毛刺、磨削或抛光等）、跟踪焊缝等。

3. 双手协调

要求两个或两个以上的机器人手臂在相互约束的条件下能够协调地工作。通常一个手臂主动，另一手臂在力控制下随动。双手协调为未来多臂机器人研究的基础。

4. 灵巧手

多手指协调，控制抓拿物体（如鸡蛋、乒乓球等）力的大小。

任务5　工业机器人的力和位置混合控制

一、任务导入

力/位混合控制是将任务空间划分为两个正交互补的子空间，即力控制空间和位置控制空间，在力控制空间中应用力控制策略进行力控制，在位置控制空间应用位置控制策略进行位置控制。其核心思想是分别用不同的控制策略对力和位置直接进行控制，即首先通过选择矩阵确定当前接触点的力控和位控方向，然后应用力反馈信息和位置反馈信息分别在力回路和位置回路中进行闭环控制，最终在受限运动中实现力和位置的同时控制。

二、机器人力和位置控制概述

力/位混合控制之所以难以应用在复杂的实际工作场合，主要因为还存在如下一些难以解决的问题。

① 作业环境空间的精确建模。作业环境空间的建模对混合控制的影响是巨大的，环境空间建模不精确，则混合控制难以完成既定的任务，而对作业空间的精确建模又是十分困难的。

② 接触的转换。接触的转换不仅指从自由空间运动到约束空间运动的转换，更广泛的

是指从一个约束曲面到另一个约束曲面的转换，这种转换大部分存在不可避免的碰撞。刚性的末端执行器与刚性环境的接触尚无确切的定义，碰撞瞬间会产生极大的相互作用力，而交互作用的时间是微秒级的，控制器的响应时间跟不上这个速度，则可能在作出响应之前已经产生损害。

③ 控制策略的生成。对每一项任务决定采用何种控制策略，这方面的指导性原则和理论贫乏，如何根据在线的传感器信息自动生成控制策略更是一道难题。

三、力/位混合控制思想

机器人在工作环境中运动时，若在某一自由度上遇到障碍，运动受到了限制，在这个受到位置约束的自由度上进行力控制，而在其余自由度上进行位置控制，即将任务空间划分为两个正交互补的力控制空间和位置控制空间，在力控制空间中应用力控制策略进行力控制，在位置控制空间应用位置控制策略进行位置控制，通过控制律的综合实现对机器人的控制。

在力/位混合控制中，机器人以独立的形式同时控制力和位置，在非约束方向上控制位置，而在约束方向上控制力。在实际应用中通过雅克比矩阵和选择矩阵可以将作业空间任意方向的力和位置分配到各个关节上。

四、力/位混合控制在作业中的控制方案

机器人的每个作业可以分解成若干个子作业，每个子作业中机器人末端与工作环境有着特殊的接触情况。对每个子作业联系一组约束，称为自然约束，这种约束是由作业结构的特殊力学和集合特性所引起的。例如，机器人与固定刚性面接触时，不能够自由地穿越这个面，所以存在自然位置约束；若这个面是光滑的，则不能自由地对机器人施加沿平面切线方向的力，于是存在自然力约束。

一般来说，对每个子作业结构，可以定义一个广义曲面，沿着曲面法线方向定义位置约束，沿着曲面切线方向定义力约束。这两个类型的约束把机器人末端的运动的自由度划分为两个正交集合，对它们按不同的准则进行控制。为了便于描述，用一个坐标系 $\{c\}$ 来取代这一广义曲面，称这一坐标系 $\{c\}$ 为约束坐标系，其总是处于与某项具体任务有关的位置。这样，执行一项作业任务就可以用一组在 $\{c\}$ 坐标系中定义的约束条件来表示。约束坐标系的选择，取决于所执行的任务，一般应建立在机器人末端与作业对象接触的界面上，$\{c\}$ 一般有以下特点。

① $\{c\}$ 为直角坐标系，以方便描述作业操作。

② 根据作业任务的不同，约束坐标系 $\{c\}$ 可能在环境中固定不动，也可能随机器人末端一起运动。

③ $\{c\}$ 有 6 个自由度。任一时刻的作业均可分解为沿 $\{c\}$ 中每一自由度的位置控制或力控制。

位置约束可以用机器人末端的速度向量 $[v_x, v_y, v_z, \omega_x, \omega_y, \omega_z]^T$ 在约束坐标系 $\{c\}$ 中的分量表示，也可以用末端的位置表示，但很多实际情况中，位置约束用"速度为零"约束表示更为简单。同样，力约束可以用作用于机器人末端的力/力矩向量 $F=[f_x, f_y, f_z, \tau_x, \tau_y, \tau_z]^T$ 在 $\{c\}$ 坐标系中的分量表示。实际上，位置约束是指位置及方位约束，力约束是指力及力矩约束。所谓自然约束，是指在某特殊接触情况下自然发生的约束，与机器人希望的运动无关。

另一种约束称为人为约束，其与自然约束一起，规定出所期望的机器人运动或作用力/力矩。也就是说，每次都由操作者规定出机器人期望的位置或力/力矩，这就是人为约束。这些约束也在广义约束曲面的法线和切线方向上，但是与自然约束不同，人为力约束是沿着约

束曲面法线方向的，人为位置约束是沿着约束曲面切线方向的，这样就能够保持与自然约束相容。

应当注意，在约束坐标系中的某个自由度若有自然位置约束，则在该自由度上就应规定人为力约束，反之亦然。为适应位置和力的约束，在约束坐标系中的任何给定自由度都要受控制。

机器人在自由空间中运动时，自然约束是所有的力约束，因为环境对机器人没有任何作用力，对于六自由度机器人，在此情况下就有 6 个自由度的自由运动，但不能在任何方向有作用力。机器人末端被紧紧固定时，机器人受到 6 个自然位置约束，它没有改变位置的自由，但是机器人可以自由地在 6 个自由度上施加力。以上两种都是极端的情况，这些情况在实际中很少发生，大多数情况是机器人工作在部分约束的环境中，也就是一部分自由度受位置控制，另一部分自由度受力控制。力/位的混合控制，重点要解决以下三个问题。

① 机器人的位置控制是沿着有自然力约束的方向。
② 机器人的力控制是沿着有自然位置约束的方向。
③ 沿任意的坐标系的正交自由度对这些控制方式作任意的混合，以实现位置和力的混合控制。

五、力/位混合控制系统结构

力反馈系统的一般结构如图 7-12 所示。机器人按照指令要求沿着期望的轨迹或者按照期望的速度运动，到达空间某一点时机器人与环境发生接触后，形成新的控制策略，并由形成的新策略更新原来的运动。接触力引起的集合变形乘以刚度给出作用力，这个力直接反作用到各个关节，给出形成新运动指令的策略。

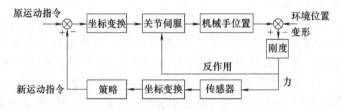

图 7-12　力反馈系统的一般结构

图 7-13 给出了位置和力的混合控制结构，其中 C 为对角元素为 1 或 0 的对角线矩阵，称为选择矩阵，为 6×6 维矩阵。I 为 6×6 维单位矩阵。由选择矩阵 C 确定 $\{c\}$ 坐标系空间 6 个自由度中由力控制的自由度和由位置控制的自由度。

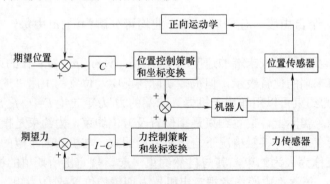

图 7-13　位置和力的混合控制结构

模 块 小 结

本模块研究工业机器人控制问题。简述了机器人控制的基本原则，并在简述机器人控制器的分类之后，着重分析各控制变量之间的关系和主要控制层次。把机器人的控制层次建立在智能机器人控制的基础上，把它分为三级，即人工智能级、控制模式级和伺服控制级。

位置控制是机器人最基本的控制。主要讨论了机器人位置控制的两种结构，即关节空间控制结构和直角坐标空间控制结构，并以 PUMA 机器人为例，介绍了伺服控制结构。在此基础上分别讨论了单关节位置控制器和多关节位置控制器。

本模块对机器人的控制进行了较为详细的介绍。首先，介绍了机器人按照控制量和控制算法分类的基本控制方法；然后，在介绍目前各种力控制方法的基础上，重点研究力/位混合控制理论；最后探讨力/位混合控制的思想、控制方案以及控制系统结构。

习 题

1. 简述工业机器人控制器的分类。
2. 简述工业机器人主要控制层次及每一级的特点。
3. 工业机器人的控制系统应具有哪些特点？
4. 机器人的控制系统的结构大体可分为哪三种方式？每种方式的应用特点是什么？
5. 结合实际简述工业机器人控制技术发展现状。
6. 机器人力控制中需解决哪四大关键问题？
7. 简述工业机器人力控制的应用前景。
8. 简述工业机器人位置控制的基本控制结构。
9. 力/位混合控制之所以难以应用在复杂的实际工作场合，主要是因为哪些难以解决的问题？
10. 简述力/位混合控制系统结构。

模块八　工业机器人编程

不管是服务型机器人还是工业机器人，都不仅仅是由硬件组成的。机器人的每一个动作都需要人们的精心设计。机器人向哪个方向运动，运动多长的距离，夹具开合的程度等都需要仔细的计算、定位并且进行编程。

现在，机器人的编程方式有很多，主要有示教编程、机器人语言编程、离线编程。编程的平台也有很多，针对不同品牌、不同型号的机器人，编程方式也会有所不同，如图 8-0 所示。

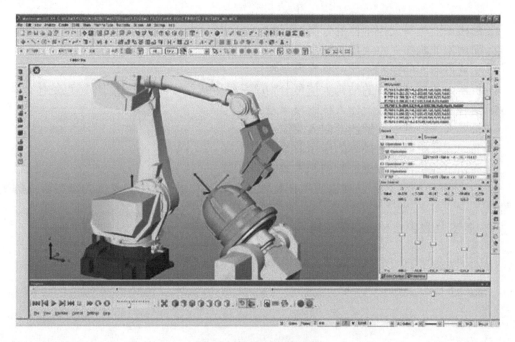

图 8-0　机器人编程界面

在本模块中，我们将学习有关工业机器人的编程。

 知识目标

1. 了解常用的机器人编程方式。
2. 了解工业机器人编程要求和语言类型。
3. 了解工业机器人语言系统结构和基本功能。

4. 了解几种常用的机器人编程语言。

5. 了解工业机器人的离线编程。

技能目标

1. 能理解机器人的各种编程方式，并按照不同环境选择编程方式。

2. 会使用几种常用的机器人编程操作系统。

3. 会使用 VAL 语言、AUTOPASS 语言、SIGLA 语言、IML 语言。

任务安排

序号	任务名称	任务主要内容
1	了解机器人编程方式	了解示教编程 了解机器人语言编程 了解离线编程
2	了解工业机器人编程要求和语言类型	了解工业机器人的编程要求 了解工业机器人的编程语言类型
3	了解工业机器人语言系统结构和基本功能	熟悉工业机器人语言系统结构 熟悉工业机器人语言的基本功能
4	了解常用的机器人编程语言	了解 VAL 语言 了解 AL 语言 了解 AUTOPASS 语言 了解 SIGLA 语言 了解 IML 语言
5	了解工业机器人的离线编程	了解离线编程的概念 了解离线编程系统的一般要求 了解离线编程系统的基本组成

任务 1　了解机器人编程方式

一、任务导入

当你拿到一台机器人，接上电源，机器人并不会立刻动作。这是为什么呢？是因为机器人没有得到动作的指令，这就需要我们为机器人编程。机器人的编程方式有很多种，针对不同品牌的机器人、不同型号的机器人、不同作用的机器人可能会使用到不同的编程方式。

二、编程方式

目前应用于机器人的编程方法，主要采用以下三种形式。

1. 示教编程

早期的机器人编程几乎都采用示教编程方法，而且它仍是目前工业机器人使用最普遍的方法。用这种方法编制程序是在机器人现场进行的。首先，操作者必须把机器人终端移动至目标位置，并把此位置对应的机器人关节角度信息记录进内存储器，这是示教的过程。然后，当要求复现这些运动时，顺序控制器从内存读出相应位置，机器人就可重复示教时的轨迹和各种操作。示教方式有多种，常见的有手把手示教和示教盒示教。手把手示教要求用户使用安装在机器人手臂内的操作杆，按给定运动顺序示教动作内容。示教盒示教则是利用装在控制盒上的按钮驱动机器人按需要的顺序进行操作。机器人每一个关节对应着示教盒上的一对按钮，以分别控制该关节正反方向的运动。示教盒示教方式一般用于大型机器人或危险作业条件下的机器人示教。

示教编程的优点是：简单方便；不需要环境模型；对实际的机器人进行示教时，可以修正机械结构带来的误差。其缺点是：功能编辑比较困难；难以使用传感器，难以表现沿轨迹运动时的条件分支，缺乏记录动作的文件和资料；难以积累有关的信息资源；对实际的机器人进行示教时，在示教过程中要占用机器人。

2. 机器人语言编程

机器人语言是使用符号来描述机器人动作的方法。它通过对机器人动作的描述，使机器人按照编程者的意图进行各种操作。机器人语言的产生和发展是与机器人技术的发展以及计算机编程语言的发展紧密相关的。机器人语言编程实现了计算机编程，并可以引入传感信息，从而提供一个更通用的方法来解决人-机器人通信接口问题。目前应用于工业中的是动作级和对象级机器人语言。

3. 离线编程

这是一种用通用语言或专门语言预先进行程序设计，在离线的情况下进行轨迹规划的编程方法。离线编程系统是基于 CAD 数据的图形编程系统。由于 CAD 技术的发展，机器人可以利用 CAD 数据生成机器人路径，这是集机器人于 CIMS 系统的必由之路。自动编程作为未来机器人编程方式，它采用任务级机器人语言进行编程。这种编程方式可能彻底改变现有机器人的编程方法，而且将为改进 CAD / CAM 综合技术做出贡献。

离线编程克服了在线编程的许多缺点，充分利用了计算机的功能。其优点是：编程时可不用机器人，机器人可进行其他工作；可预先优化操作方案和运行周期时间；可将以前完成的过程或子程序结合到待编的程序中去；可用传感器探测外部信息，从而使机器人做出相应的响应；控制功能中可以包括现有的 CAD 和 CAM 的信息，可以预先运行程序来模拟实际运动，从而不会出现危险，利用图形仿真技术可以在屏幕上模拟机器人运动来辅助编程；对不同的工作目的，只需要替换部分特定的程序。但离线编程中所需要的能补偿机器人系统误差的功能、坐标系数据仍难以得到。

离线编程中可以采用在线采集的一些待定位置数据（多采用示教盒来获得），写入离线编写的程序中。

任务2　了解工业机器人编程要求和语言类型

一、任务导入

机器人编程语言是一种程序描述语言，它能十分简洁地描述工作环境和机器人的动作，能把复杂的操作内容通过尽可能简单的程序来实现。机器人编程语言也和一般的程序语言一样，应当具有结构简明、概念统一、容易扩展等特点。从实际应用的角度来看，很多情况下都是操作者实时地操纵机器人工作。为此，机器人编程语言还应当简单易学，并且有良好的对话性。

高水平的机器人编程语言还能够作出并应用目标物体和环境的几何模型。在工作进行过程中，几何模型又是不断变化的，因此性能优越的机器人语言会极大地减少编程的困难。

二、工业机器人的编程要求

工业机器人的编程要求分为以下几个方面。

1. 能够建立世界模型（world model）

在进行机器人编程时，需要一种描述物体在三维空间内运动的方式，所以需要给机器人及其相关物体建立一个基础坐标系，这个坐标系与大地相连，也称"世界坐标系"。机器人工作时，为了方便起见，也建立其他坐标系，同时建立这些坐标系与基础坐标系的变换关系。机器人编程系统应具有在各种坐标系下描述物体位姿的能力和建模能力。

2. 能够描述机器人的作业

机器人作业的描述与其环境模型密切相关，编程语言水平决定了描述水平。现有的机器人语言需要给出作业顺序，由语法和词法定义输入语句，并由它描述整个作业。例如，装配作业可描述为世界模型的一系列状态，这些状态可用工作空间内所有物体的位姿给定。这些位姿也可利用物体间的空间关系来说明。

3. 能够描述机器人的运动

描述机器人需要进行的运动是机器人编程语言的基本功能之一。用户能够运用语言中的运动语句，与路径规划器连接，允许用户规定路径上的点及目标点，决定是否采用点插补运动或笛卡儿直线运动。用户还可以控制运动速度或运动持续时间。对于简单的运动语句，大多数编程语言具有类似的语法。不同语言间在主要运动基元上的差别是比较表面的。

4. 允许用户规定执行流程

同一般的计算机编程语言一样，机器人编程系统允许用户规定执行流程，包括试验和转移、循环、调用子程序以及中断等。

对于许多计算机应用，并行处理对于自动工作站是十分重要的。首先，一个工作站常常运用两台或多台机器人同时工作以减少过程周期。在单台机器人的情况，工作站的其他设备也需要机器人控制器以并行方式控制。因此，在机器人编程语言中常常含有信号和等待等基本语句或指令，而且往往提供比较复杂的并行执行结构。

通常需要用某种传感器来监控不同的过程。然后，通过中断或登记通信，机器人系统能够反应由传感器检测到的一些事件。有些机器人语言提供规定这种事件的监控器。

5. 有良好的编程环境

如同任何计算机一样，一个好的编程环境有助于提高程序员的工作效率。机器人的程序编制是困难的，其编程趋向于试探对话式。如果用户忙于应付连续重复的编程语言的编辑—编译—执行循环，那么其工作效率必然是低的。因此，现在大多数机器人编程语言含有中断功能，以便能够在程序开发和调试过程中每次只执行一条单独语句。典型的编程支撑和文件系统也是需要的。根据机器人编程特点，其支撑软件应具有下列功能：在线修改和立即重新启动；传感器的输出和程序追踪；仿真。

6. 需要人机接口和综合传感信号

在编程和作业过程中，应便于人与机器人之间进行信息交换，以便在运动出现故障时能及时处理，在控制器设置紧急安全开关确保安全。而且，随着作业环境和作业内容复杂程度的增加，需要有功能强大的人机接口。

机器人语言的一个极其重要的部分是与传感器的相互作用。语言系统应能提供一般的决策结构，以便根据传感器的信息来控制程序的流程。

在机器人编程中，传感器的类型一般分为 4 类：位置检测、力觉、触觉和视觉。如何对传感器的信息进行综合，各种机器人语言都有它自己的句法。

三、工业机器人的编程语言类型

1. 机器人语言发展概况

随着首台机器人的出现，对机器人语言的研究也同时进行。1973 年美国斯坦福（Stanford）人工智能实验室研究和开发了第一种机器人语言——WAVE 语言。WAVE 语言具有动作描述的功能，且能配合视觉传感器进行手眼协调控制。1974 年，该实验室在 WAVE 语言的基础上开发了 AL 语言，它是一种编译形式的语言，具有 ALGOL 语言的结构，可以控制多台机器人协调动作。AL 语言对后来机器人语言的发展有很大的影响。

1979 年，美国 Unimation 公司开发了 VAL 语言，并配置在 PUMA 系列机器人上，成为实用的机器人语言。WAVE 语言类似于 BASIC 语言，语句结构比较简单，易于编程。1984 年该公司推出了 VAL-Ⅱ语言，与 VAL 语言相比，VAL-Ⅱ增加了利用传感器信息进行运动控制、通信和数据处理等功能。

美国 IBM 公司在 1975 年研制了 ML 语言，并用于机器人装配作业。接着该公司又推出 AUTOPASS 语言，这是一种比较高级的机器人语言，它可以对几何模型类任务进行半自动编程。后来 IBM 公司又推出了 AML 语言，AML 语言已作为商品化产品用于 IBM 机器人的控制。其他的机器人语言有 MIT 的 LAMA 语言，这是一种用于自动装配的机器人语言。

20 世纪 80 年代初，美国 Automatix 公司开发 RAIL 语言，它具有与 PASCAL 语言相似的形式，能利用视觉传感器信息，进行检测零件作业。同期，麦道公司研制出了 MCL 语言，它是在数控语言 APT 基础上发展起来的机器人语言。MCL 应用于由机床及机器人组成的柔性加工单元的编程，其功能较强。

到目前为止，国内外尚无通用的机器人语言。虽然现有的品种繁多，仅在英国、日本、西欧实用的机器人语言就至少有数十种。但即使这样，新的机器人语言还不断出现。究其原因，就在于目前开发的机器人语言绝大多数是根据专用机器人而单独开发的，存在着通用性差的问题。

有的国家正尝试在数控机床通用语言的基础上，形成统一的机器人语言。但由于机器人控制不仅要考虑机器人本身的运动，还要考虑机器人与配套设备间的协调通信以及多个机器人之间的协调工作，因而技术难度非常大，目前尚处于研究探索阶段。

机器人编程语言的发展历程如图 8-1 所示。

2. 机器人语言的分类

机器人语言有很多分类方法，但根据作业描述水平的高低，通常可分为动作级、对象级和任务级 3 级。

（1）动作级编程语言　动作级语言是以机器人的运动作为描述中心，通常由使机械手末端从一个位置到另一个位置的一系列命令组成。动作级语言的每一个命令（指令）对应机器人的一个动作。如可以定义机器人的运动序列（MOVE），基本语句形式为：

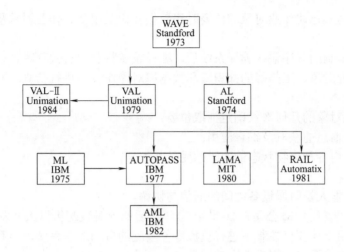

图 8-1 机器人编程语言的发展历程

MOVE TO（destination）

动作级语言的代表是 VAL 语言，它的语句比较简单，易于编程。动作级语言的缺点是不能进行复杂的数学运算，不能接受复杂的传感器信息，仅能接受传感器的开关信号，并且和其他计算机的通信能力很差。VAL 语言不提供浮点数或字符串，而且子程序不含自变量。

动作级编程又可分为关节级编程和终端执行器编程两种。

① 关节级编程。关节级编程程序给出机器人各关节位移的时间序列。当示教时，常通过示教盒上的操作键进行，有时需要机器人的某个关节进行操作。

② 终端执行器级编程。终端执行器级编程是一种在作业空间内各种设定好的坐标系里编程的编程方法。在特定的坐标系内，编程应在程序段的开始予以说明，系统软件将按说明的坐标系对下面的程序进行编译。

终端执行器级编程程序给出机器人终端执行器的位姿和辅助机能的时间序列，包括力觉、触觉、视觉等机能以及作业用量、作业工具的选定等，指令由系统软件解释执行。这类语言有的还具有并行功能。其基本特点如下：

a. 各关节的求逆变换由系统软件支持进行。

b. 数据实时处理。

c. 使用方便，占内存较少。

d. 指令语句有运动指令语言、运算指令语句、输入输出和管理语句等。

（2）对象级编程语言 对象级语言解决了动作级语言的不足，它是以描述被操作物体之间的关系（常为位置关系）为中心的语言，这类语言有 AML、AUTOPASS 等，具有以下特点：

① 运动控制：具有与动作级语言类似的功能。

② 处理传感器信息：可以接受比开关信号复杂的传感器信号，并可利用传感器信号进行控制、监督以及修改和更新环境模型。

③ 通信和数字运算：能方便地和计算机的数据文件进行通信，数字计算功能强，可以进行浮点计算。

④ 具有很好的扩展性：用户可以根据实际需要，扩展语言的功能，如增加指令等。

作业对象级编程语言以近似自然语言的方式描述作业对象的状态变化，指令语句是复合语句结构，用表达式记述作业对象的位姿时序数据及作业用量、作业对象承受的力、力矩等时序数据。

将这种语言编制的程序输入编译系统后，编译系统将利用有关环境、机器人几何尺寸、终端执行器、作业对象、工具等的知识库和数据库对操作过程进行仿真，并解决以下几方面问题：

① 根据作业对象的几何形状确定抓取位姿；

② 各种感受信息的获取及综合应用；

③ 作业空间内各种事物状态的实时感受及其处理；

④ 障碍回避；

⑤ 和其他机器人及附属设备之间的通信与协调。

这种语言的代表是 IBM 公司在 20 世纪 70 年代后期针对装配机器人开发出的 AUTOPASS 语言。它是一种用于计算机控制下进行机械零件装配的自动编程系统，该系统面对作业对象及装配操作而不直接面对装配机器人的运动。

AUTOPASS 自动编程系统的工作过程大致如下：

① 用户提出装配任务，给出任务的装配工艺规程；

② 编写 AUTOPASS 源程序；

③ 确定初始环境模型；

④ AUTOPASS 的编译系统逐句处理 AUTOPASS 源程序，并和环境模型及用户实时交互；

⑤ 产生装配作业方法和终端执行器状态指令码；

⑥ AUTOPASS 为用户提供 PL/I 的控制和数据系统能力。

（3）任务级编程语言　任务级语言是比较高级的机器人语言，允许使用者对工作任务所要求达到的目标直接下命令，不需要规定机器人所做的每一个动作的细节。只要按某种原则给出最初的环境模型和最终工作状态，机器人可自动进行推理、计算，最后自动生成机器人的动作。任务级语言的概念类似于人工智能中程序自动生成的概念。任务级机器人编程系统能够自动执行许多规划任务。例如，当发出"抓起螺杆"的命令时，该系统必须规划出一条避免与周围障碍物发生碰撞的机械手运动路径，自动选择一个好的螺杆抓取位置，并把螺杆抓起。与此相反，对于前两种机器人编程语言，所有这些选择都需要由程序员进行。因此，任务级系统软件必须能把指定的工作任务翻译为执行该任务的程序。美国普渡大学开发的机器人控制程序库 RCCL 就是一种任务级编程语言，它使用 C 语言和一组 C 函数来控制机械手的运动，把工作任务和程序直接联系起来。

现在还有人在开发一种系统，它能按照某种原则给出最初的环境状态和最终的工作状态，然后让机器人自动进行推理、计算，最后自动生成机器人的动作。这种系统现在仍处于基础研究阶段，还没有形成机器人语言。本书主要介绍动作级和对象级语言。

机器人语言按表面形式分，可分为如下三种（详细内容从略）：

汇编型，如 VAL 语言；

编译型，如 AL、LM 语言；

自然语言型，如 AUTOPASS 语言。

到现在为止，已经有多种机器人语言问世，其中有的是研究室里的实验语言，有的是实用的机器人语言。前者中比较有名的有美国斯坦福大学开发的 AL 语言，IBM 公司开发 AUTOPASS 语言，英国爱丁堡大学开发的 RAPT 语言等；后者中比较有名的有由 AL 语言演变而来的 VAL 语言，日本九州大学开发的 IML 语言，IBM 公司开发的 AML 语言等，详见表 8-1。

表 8-1 国外常用机器人语言举例

1	AL	美国	Stanford Artificial Intelligence Laboratory	机器人动作及对象描述，是今日机器人语言研究的源流
2	AUTOPA-SS	美国	IBM Watson Research Laboratory	组装机器人用语言
3	LAMA-S	美国	MIT	高级机器人语言
4	VAL	美国	Unimation 公司	用于 PUMA 机器人（采用 MC6800 和 DECLSI-11 两级微型计算机）
5	RIAL	美国	AUTOMATIC 公司	用视觉传感器检查零件时用的机器人语言
6	WAVE	美国	Stanford Artificial Intelligence Laboratory	操作器控制符号化语言，在 T 型水泵装配曲柄摇杆等工作中使用
7	DIAL	美国	Charles Stark Diaper Laboratory	具有 RCC 顺应性手腕控制的特殊指令
8	RPL	美国	Stanford Artificial Institute International	可与 Unimation 机器人操作程序结合，预先定义子程序库
9	REACH	美国	Bendix Corporation	适用于两臂协调动作，和 VAL 一样是使用范围广的语言
10	MCL	美国	Mc Donnell Douglas Corporation	编程机器人 NC 机床传感器、摄像机及其控制的计算机综合制造用语言
11	INDA	美国英国	SRI International and Philips	相当于：RTL/2 编程语言的子集，具有使用方便的处理系统
12	RAPT	英国	University of Edinburgh	类似 NC 语言 APT（用 DEC20，LS01/2 微型机）
13	LM	法国	Artificial Intelligence Croup of IMAG	类似 PASCAL，数据类似 AL，用于装配机器人（用 LS11/3 微型机）
14	ROBEX	德国	Machine Tool Laboratory TH Archen	具有与高级 NC 语言 EXAPT 相似结构的脱机编程语言
15	SIGLA	意大利	Olivetti	SIGMA 机器人语言
16	MAI	意大利	Milan Polytechnic	两臂机器人装配语言，其特征是方便易于编程
17	SERF	日本	三协精机	SKJLAM 装配机器人（用 Z-80 微型机）
18	PLAW	日本	小松制作所	RW 系统弧焊机器人
19	IML	日本	九州大学	动作级机器人语言

任务 3 了解工业机器人语言系统结构和基本功能

一、任务导入

机器人语言实际上是一个语言系统，机器人语言系统既包含语言本身——给出作业指示和动作指示，同时又包含处理系统——根据上述指示来控制机器人系统。机器人语言系统如图 8-2 所示，它能够支持机器人编程、控制，以及与外围设备、传感器和机器人的接口；同时还能支持和计算机系统的通信。

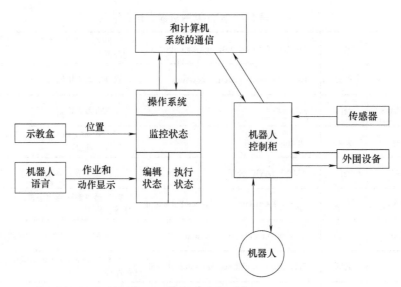

图 8-2　机器人语言系统

语言系统结构

二、工业机器人语言系统结构

1. 机器人编程操作系统

机器人语言操作系统包括 3 个基本的操作状态：监控状态、编辑状态、执行状态。

① 监控状态是用来进行整个系统的监督控制的。在监控状态，操作者可以用示教盒定义机器人在空间的位置，设置机器人的运动速度、存储和调出程序等。

② 编辑状态是提供操作者编制程序或编辑程序的。尽管不同语言的编辑操作不同，但一般均包括写入指令、修改或删去指令以及插入指令等。

③ 执行状态是用来执行机器人程序的。在执行状态，机器人执行程序的每一条指令，操作者可通过调试程序修改错误。例如，在程序执行过程中，某一位置关节角超过限制，因此机器人不能执行，在 CRT 上显示错误信息，并停止运行。操作者可返回到编辑状态修改程序。目前大多数机器人语言允许在程序执行过程中直接返回到监控或编辑状态。

和计算机编程语言类似，机器人语言程序可以编译，即把机器人源程序转换成机器码，以便机器人控制器能直接读取和执行，编译后的程序运行速度大大加快。

2. 机器人语言的要素

由于机器人语言系统的特殊性，它具有与一般程序设计语言不同的功能要素，这些要素分述如下。

（1）外部世界的建模　机器人程序是描述三维空间中运动物体的，因此机器人语言应具有外部世界的建模功能。只有具备了外部世界模型的信息，机器人程序才能完成给定的任务。

在许多机器人语言中，规定各种几何体的命名变量，并在程序中访问它们，这种能力构成了外部世界建模的基础。如 AUTOPASS 语言，用一个称为 GDP（几何设计处理器）的建模系统给物体建模，该系统用过程表达式来描述物体。其基本思想是：每个物体都用一个过程名和一组参数来表示，物体形状以调用描述几何物体和集合运算的过程来实现。

GDP 提供了一组简单物体，它们是长方体、圆柱体、圆锥体、半球体和其他形式的旋转体等。这些简单物体在系统内部表示为由点、线、面组成的表。由表描述物体的几何信息和拓扑信息。如 CALL，SOLID（CUBOID，"Block"，xlen，ylen，zlen），即调用过程 SOLID 来定义一个具有尺寸为 xlen，ylen，zlen，名称为 "Block" 的长方盒。

另外，外部世界建模系统要有物体之间的关联性概念。也就是说，如果有两个或更多个物体已经固联在一起，并且以后一直是固联着的，则用一条语句移动一个物体，任何附在其上的物体也要跟着运动。AL 语言有一种称为 AFFIX 的连接关系，它可以把一个坐标系连接到另一个坐标系上。这相当于在物理上把一个零件连接到另一个零件上，如果其中一个零件移动，那么连接着的其他零件也将移动。如语句 AFFIX pump TO pump-base 执行后，即表明 pump-base 今后的运动将引起 pump 做同样的运动，即两者一起运动。

（2）作业的描述　作业的描述与环境的模型有密切关系，而且描述水平决定了语言的水平。作为最高水平，人们希望以自然语言作为输入，并且不必给出每一步骤。现在的机器人语言需要给出作业顺序，并通过使用语法和词法定义输入语言，再由它完成整个作业。

装配作业可以描述为世界模型的一系列状态，这些状态可用工作空间中所有物体的形态给定，说明形态的一种方法是利用物体之间的空间关系。例如图 8-3 所示的积木世界，若定义空间关系 AGAINST 表示两表面彼此接触，这样，就可以用表 8-2 的语句描述图 8-3 所示的两种情况。如果假定状态 A 是初态，状态 B 是目标状态，那么就可以用它们表示抓起第三块积木并把它放在第二块积木顶上的作业。如果状态 A 是目标状态，而状态 B 是初态，那么它们表示的作业是从叠在一起的积木块上挪走第三块积木并把它放在桌子上。使用这类方法表示作业的优点是人们容易理解，并且容易说明和修改。然而，这种方法的缺点是没有提供操作所需的全部信息。

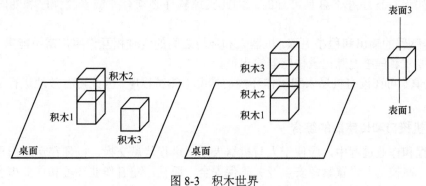

图 8-3　积木世界

表 8-2　积木世界的状态描述

状态 A	状态 B
（Block1—face1 AGAINST Table） （Block1—face3 AGAINST Block2—face1） （Block3—face1 AGAINST Table）	（Block1—face1 AGAINST Table） （Block1—face3 AGAINST Block2—face1） （Block2—face3 AGAINST Block3—face1）

另一种方法是把任务描述为对物体的一系列符号操作，这种描述形式十分类似于工业装配任务书中所用的说明。

3. 运动说明

机器人语言的一个最基本的功能是能够描述人的运动。通过使用语言中的运动语句，操作者可以把轨迹规划程序和轨迹生成程序建立联系。运动语句允许通过规定点和目标点，可以在关节空间或笛卡儿空间说明定位目标，可以采用关节插补运动或笛卡儿直线运动；另外操作者也可以控制运动持续时间等。在 VAL、AL 语言中，运动说明用 MOVE 命令，它表示机器人手臂应该到达的目标坐标系。表 8-3 给出了 VAL 和 AL 语言运动语句的例子。对于这些简单的运动语句，大多数编程语言具有相似的语法。

表 8-3　VAL 和 AL 语言运动语句的例子

VAL
　（把手臂移动到目标 1，再直线移动到目标 2，然后通过点 1 移动到目标 3）
　MOVE GOAL1
　MOVES GOAL2
　MOVE VIA1
　MOVE GOAL3
AL
　（把手臂移动到点 *A*，然后移动到点 *B*）
　MOVEbarm[①] TO A；
　MOVEbarm TO B
或者
　MOVE barm TO B VIA[②] A

　① barm 是机器人手臂的名字。
　② VIA 表示路径点。

4. 编程支撑软件

和计算机语言编程一样，机器人语言要有一个良好的编程环境，以提高编程效率。因此编程支撑软件，如文本编辑、调试程序和文件系统等都是需要的，没有编程支撑软件的机器人语言对用户来说是无用的。另外根据机器人编程的特点，支撑软件应具有以下功能。

① 在线修改和立即重新启动。机器人作业需要复杂的动作和较长的执行时间，在失败后从头开始运行程序并不总是可行的。因此支撑软件必须有在线修改程序和随时重新启动的能力。

② 传感器的输出和程序追踪。机器人和环境之间的实时相互作用常常不能重复，因此支撑软件应能随着程序追踪记录传感器输出值。

③ 仿真。可在没有机器人和工作环境的情况下测试程序，因此可有效地进行不同程序的模拟调试。

5. 人机接口和传感器的综合

在编程和作业过程中，应便于人与机器人之间进行信息交换，以便在运动出现故障时能及时处理，在控制器设置紧急安全开关确保安全。而且，随着作业环境和作业内容复杂程度的增加，需要有功能强大的人机接口。

机器人语言的一个极其重要的部分是与传感器的相互作用。语言系统应能提供一般的决策结构，如"if…then…else"，"case…"，"until…"和"while…do…"等，以便根据传感器的信息来控制程序的流程。

在机器人编程中，传感器的类型一般分为 3 类。

① 位置检测：用来测量机器人的当前位置，一般由编码器来实现。

② 力觉和触觉：用来检测工作空间中物体的存在。力觉是为力控制提供反馈信息，触觉用于检测抓取物体时的滑移。

③ 视觉：用于识别物体，确定它们的方位。

如何对传感器的信息进行综合，各种机器人语言都有它自己的句法。AL 语言为力觉提供了 FORCE（axis）和 TORQUE（axis）等语句。在控制命令中，可把它们规定为条件，如

MOVE harm TO A

ON FORCE（z）>=100*GM DO

STOP；

即让机器人运动到目标点 A，如果在运动过程中 z 轴受力大于或者等于 100g，则立即停止。

一般传感器信息主要用途是启动或结束一个动作。例如，在传送带上到达的零件可以切断光电传感器，启动机器人拾取这个零件，如果出现异常情况，就结束动作。目前大多数语言不能直接支持视觉，用户必须有处理视觉信息的模块。

三、工业机器人语言的基本功能

机器人语言的基本功能包括运算、决策、通信、机械手运动、工具指令以及传感器数据处理等。许多正在运行的机器人系统，提供机械手运动和工具指令以及某些简单的传感器数据处理功能。机器人语言体现出来的基本功能都是机器人系统软件支持形成的。

1. 运算

在作业过程中执行的规定运算能力是机器人控制系统最重要的能力之一。如果机器人未装有任何传感器，那么就可能不需要对机器人程序规定什么运算。没有传感器的机器人只不过是一台适于编程的数控机器。

对于装有传感器的机器人所进行的一些最有用的运算是解析几何计算。这些运算结果能使机器人自行做出决定，在下一步把工具或夹手置于何处。用于解析几何运算的计算工具包括下列内容：

① 机械手解答及逆解答。
② 坐标运算和位置表示，例如：相对位置的构成和坐标的变化等。
③ 矢量运算，例如：点积、交积、长度、单位矢量、比例尺以及矢量的线性组合等。

2. 决策

机器人系统能够根据传感器输入信息做出决策，而不必执行任何运算。按照未处理的传感器数据计算得到的结果，是做出下一步该干什么这类决策的基础。这种决策能力使机器人控制系统的功能更强有力。一条简单的条件转移指令（例如校验零值）就足以执行任何决策算法。

3. 通信

机器人系统与操作人员之间的通信能力，允许机器人要求操作人员提供信息、告诉操作者下一步该干什么，以及让操作者知道机器人打算干什么。人和机器能够通过许多不同方式进行通信。

机器人向人提供信息的设备，按其复杂程度排列如下：
① 信号灯，通过发光二极管，机器人能够给出显示信号；
② 字符打印机、显示器；
③ 绘图仪；
④ 语言合成器或其他音响设备（铃、扬声器等）。
输入设备包括：
① 按钮、乒乓开关、旋钮和指压开关；
② 数字或字母数字键盘；
③ 光笔、光标指示器和数字变换板；
④ 远距离操纵主控装置，如悬挂式操作台等；
⑤ 光学字符阅读机。

4. 机械手运动

采用计算机后,极大地提高了机械手的工作能力,包括:

① 使复杂得多的运动顺序成为可能。

② 使运用传感器控制机械手运动成为可能。

③ 能够独立存储工具位置,而与机械手的设计以及刻度系数无关。

可用许多不同方法来规定机械手的运动。最简单的方法是向各关节伺服装置提供一组关节位置,然后等待伺服装置到达这些规定位置。比较复杂的方法是在机械手工作空间内插入一些中间位置。这种程序使所有关节同时开始运动和同时停止运动。用与机械手的形状无关的坐标来表示工具位置是更先进的方法,而且(除 X-Y-Z 机械手外)需要用一台计算机对解答进行计算。在笛卡儿空间内插入工具位置能使工具端点沿着路径跟随轨迹平滑运动。引入一个参考坐标系,用以描述工具位置,然后让该坐标系运动。这对许多情况是很方便的。

5. 工具指令

一个工具控制指令通常是由闭合某个开关或继电器而开始触发的,而继电器又可能把电源接通或断开,以直接控制工具运动,或者送出一个小功率信号给电子控制器,让后者去控制工具。直接控制是最简单的方法,而且对控制系统的要求也较少。可以用传感器来感受工具运动及其功能的执行情况。

当采用工具功能控制器时,对机器人主控制器来说就可能对机器人进行比较复杂的控制。采用单独控制系统能够使工具功能控制与机器人控制协调一致地工作。这种控制方法已被成功地用于飞机机架的钻孔和铣削加工。

6. 传感数据处理

用于机械手控制的通用计算机只有与传感器连接起来,才能发挥其全部效用。我们已经知道,传感器具有多种形式。此外,按照功能,把传感器概括如下:

① 内体传感器用于感受机械手或其他由计算机控制的关节式机构的位置。

② 触觉传感器用于感受工具与物体(工件)间的实际接触。

③ 接近度或距离传感器用于感受工具至工件或障碍物的距离。

④ 力和力矩传感器用于感受装配(如把销钉插入孔内)时所产生的力和力矩。

⑤ 视觉传感器用于"看见"工作空间内的物体,确定物体的位置或(和)识别它们的形状等。传感数据处理是许多机器人程序编制的十分重要而又复杂的组成部分。

任务 4 了解常用的机器人编程语言

一、任务导入

机器人语言是在人与机器人之间的一种记录信息或交换信息的程序语言。机器人编程语言具有一般程序计算语言所具有的特性。其发展过程如下:

1973 年,Stanford 人工智能实验室开发了第一种机器人语言——WAVE 语言。1974 年,该实验室开发了 AL 语言。

1979 年,Unimation 公司开发了 VAL 语言(类似于 BASIC 语言)。1984 年,该公司推出了 VALⅡ语言。

其他的机器人语言还有 IBM 公司的 AML 及 AUTOPASS 语言、MIT 的 LAMA 语言、Automatix 公司的 RAIL 语言等。

二、VAL 语言

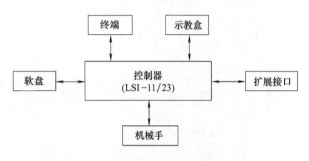

VAL 语言

1979 年美国 Unimation 公司推出的 VAL 语言，是在 BASIC 语言的基础上扩展的机器人语言，它具有 BASIC 语言的结构，在此基础上又添加了机器人编程指令和 VAL 监控操作系统。操作系统包括用户交联、编辑和磁盘管理等部分。VAL 语言适用于机器人两级控制系统，上级机是 LSI-11/23，机器人各关节则由 6503 微处理器控制。上级机还可以和用户终端、软盘、示教盒、I/O 模块和机器视觉模块等交联。

调试过程中，VAL 语言可以和 BASIC 语言以及 6503 汇编语言联合使用。VAL 语言目前主要用在各种类型的 PUMA 机器人以及 UNIMATE2000、UNIMATE4000 系列机器人上。

VAL 语言的硬件支持系统如图 8-4 所示。

VAL 语言包括监控指令和程序指令两部分，其主要特点是：

① 编程方法和全部指令可用于多种计算机控制的机器人。

② 指令简明，指令语句由指令字及数据组成，实时及离线编程均可应用。

③ 指令及功能均可扩展。

图 8-4　VAL 语言的硬件支撑系统

④ 可调用子程序组成复杂操作控制程序。

⑤ 可连续实时计算，迅速实现复杂运动控制；能连续产生机器人控制指令，同时实现人机交联。

在 VAL 语言中，机器人终端位姿用齐次变换表征。当精度要求较高时，可用精确定位的数据表征终端位姿。

三、AL 语言

AL 语言是 20 世纪 70 年代中期美国斯坦福大学人工智能实验室开发的，它基于 ALGOL 且可与 PASCAL 共用。AL 语言设计用于有传感

AL 语言

反馈的多个机械手并行或协同控制的编程。完整的 AL 系统硬件应包括后台计算机、控制计算机和多台在线微型计算机。例如以 PDP-10 作为后台计算机，完成程序的编辑与装配，在 PDP-11 上运行程序，对机器人进行控制。AL 语言属结构动作级。

AL 语言系统的硬件配置如图 8-5 所示。

系统后台计算机（使用小型机

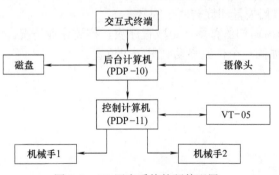

图 8-5　AL 语言系统的硬件配置

PDP-10）完成装入和编辑程序的任务；用 PDP-11 作控制计算机，它的工作是运行程序、控制机械手动作，可控制 Stanford 型 Scheinman 机械手。

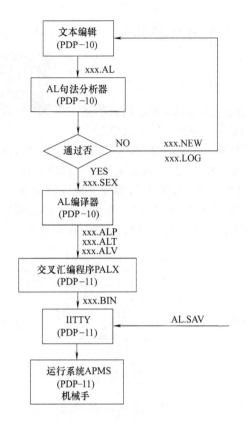

图 8-6　AL 语言的软件支持系统

AL 语言的软件如图 8-6 所示。

它的运行过程如下。

① 在后台计算机上，用户在文本编辑界面上编写的源程序为带后缀.AL 的文件。

② 源程序通过句法分析器进行检查，如通过则生成后缀为.SEX 的文件；反之则输出一个带有错误信息的后缀为.LOG 的文件和一个后缀为.NEW 的拷贝文件。

③ 通过检查的.SEX 文件进入编译器。编译程序对其进行编辑、模拟、轨迹计算和代码生成。完成编辑后，将生成三类文件。

ALP 文件：程序码文件。

ALT 文件：常数文件。

ALV 文件：运动轨迹文件。

④ 将编译好的三类文件送入交叉汇编程序 PALX，汇编后生成二进制的.BIN 文件。

⑤ 由一个称为 IITTY 的程序将.BIN 文件与程序码解释程序 AL.SAV 和运行系统一起装入，最后生成执行文件。

AL 语句的基本功能语句如下。

① 标量（scalar）：这是 AL 语言的基本数据形式，可进行加、减、乘、除、指数等五种运算，并进行三角函数和自然对数、指数的变换。AL 中的标量可为时间（time）、距离（distance）、角度（angle）、力（force）及其组合。

② 矢量（vector）：采用描述位置，可进行加减、内积、外积及与标量的相乘、相除等运算。

③ 旋转（rot）：用来描述某轴的旋转或绕某轴旋转，其数据形式是矢量。

④ 坐标系（frame）：用来描述操作空间中物体的位置和姿态。

⑤ 变换（trans）：用来进行坐标变换，包括矢量和旋转两个因素。

⑥ 块结构形式：用 BEGIN 和 END 作一串语句的首尾，组成程序块，描述作业情况。

⑦ 运动语句（move）：描述手的运动，如同一个位置移动到另一个位置。

⑧ 手的开合运动（open，close）。

⑨ 两物体结合的操作（afflx，unflx）。

⑩ 力觉的处理功能。

⑪ 力的稳定性控制：主要用于装配作业。

⑫ 销钉与孔的接触力。

⑬ 可使用于程序及数组（procedure，array）。

⑭ 可与 VAL 语言进行信息交流。

近年来又推出了小型 AL 系统，它可以在 PDP11/45 小型计算机上运行 PASCAL 语言编写，可供工业应用。

四、AUTOPASS 语言

AUTOPASS 语言诞生于 20 世纪 70 年代末。它是由美国商用机器（IBM）公司华生研究中心（Watson Research Laboratory）研制的一种比较高级的编程语言，具有自动编程系统。该系统面向作业对象和装配操作，而不直接面向机器人的运动。

1. 语言特点及支撑环境

AUTOPASS 语言可以对几何模型类任务进行半自动编程，其特点是以近似自然语言的语句描述操作对象的位姿、时序状态、所承受的力、力矩以及作业速度等数据，主要应用于装配机器人。AUTOPASS 语言在系统中应用了程序员与系统交互作用的方式。在程序编译过程中，如有不明确的地方，编译器会停下，等待操作者的解释。它使得从源程序生成动作码时，必须由操作者对其正确性进行最终检验。这样可以解决人工智能目前还无法完全自动编程的问题，实现了以几何模型为任务的半自动编程。因为这一水平级的语言需自动判断和仿真，所以语言对于环境模型的要求也较高。其工作过程如图 8-7 所示。

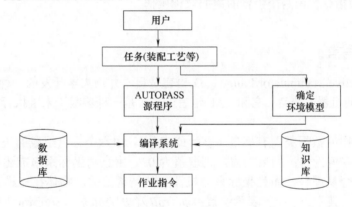

图 8-7　AUTOPASS 语言自助编程系统

2. 编程工作过程

① 由用户根据作业要求，给出操作工艺规程。

② 按动作要求编写 AUTOPASS 源程序。

③ 建立环境模型。

④ 编译系统根据环境模型以及机器人、工具和作业对象的位置、姿态和几何尺寸等数据对操作过程进行仿真处理，并编译源程序。在编译过程中，系统可以与知识库、数据库和用户进行实时交互。

⑤ 编程系统生成作业步骤的指令代码。

五、SIGLA 语言

SIGLA 是意大利 Olivetti 公司研制的一种简单的非文本类型语言。用于对直角坐标式的 SIGMA 型装备机器人进行数字控制。

SIGLA 可以在 RAM 大于 8KB 的微型计算机上执行，不需要后台计算机支持，在执行中，解释程序和操作系统可由磁带输入，约占 4KB RAM，也可实现固化在 PROM 中。

SIGLA 类语言有多个指令字，它的主要特点是为用户提供了定义机器人任务的能力。在 SIGLA 型机器人上，装配任务常由若干个子任务组成：

① 取螺钉旋具。

② 从螺钉上料器上取出螺钉 A。

③ 搬运螺钉 A。

④ 螺钉 A 定位。

⑤ 螺钉 A 装入。

⑥ 上紧螺钉 A。

为了完成对子任务的描述及将子任务进行相应的组合，SIGLA 设计了 32 个指令定义字。要求这些指令字能够描述各种子任务以及将各子任务组合起来（形成可执行任务）。

这些指令字共分六类：

① 输入输出指令。

② 逻辑指令完成比较、逻辑判断、控制指令执行顺序。

③ 几何指令定义子坐标系。

④ 调子程序指令。

⑤ 逻辑联锁指令协调两个手臂的镜面对称操作。

⑥ 编辑指令。

六、IML 语言

IML（Interactive Manipulator Language）语言是日本九州大学开发的一种对话性好、简单易学、面向应用的机器人语言。它和 VAL 语言一样，是一种着眼于末端执行器动作进行编程的动作型语言。

IML 语言使用的数据类型有标量（整数或实数），由六个标量组成的矢量、逻辑型数据（如果为真，则取值为-1；如果为假，则取值为 0）。用直角坐标系来描述机器人和目标物体的位姿，使人容易理解，而且坐标系与机器人的结构无关。物体在三维空间中的位姿由六维向量来描述，其中 x、y、z 表示位置；ϕ（roll）、θ（pitch）、ψ（yaw）表示姿态。直角坐标系又分为固定在机器人上的机座坐标系和固定在操作空间的工作坐标系。IML 语言的命令由指令形式给出，由解释程序来解释。指令又可分为由系统提供的基本指令和由使用者基本指令定义的用户指令。

用户可以使用 IML 语言给出机器人的工作点、操作路线，或给出目标物体的位置、姿态，直接操纵机器人。除此以外，IML 语言还有如下一些特征：

① 描述往返运作可以不用循环语句。

② 可以直接在工作坐标系内使用。

③ 能把要示教的轨迹（末端执行器位姿向量的变化）定义成指令，加入到语言中。所示教的数据还可以用力控制方式再现出来。

任务 5　了解工业机器人的离线编程

一、任务导入

目前常用的编程方式有两种，一种是示教编程，一种是离线编程。离线编程因为相对于示教编程具有许多优势，应用范围日趋广泛。机器人的离线编程技术直接关系到机器人执行任务的运动轨迹、运行速度、运作的精确度，对于生产制造起着关键作用。因此，机器人离线编程成为一项备受关注的学科。

第一代工业机器人采用示教编程方式，无论是采用手把手示教或控制盒示教，都需要机器人停止原来的工作，而再现时若不能满足要求，还需反复进行示教。因此，进行一项任务之前，在现场编程过程要花费很多时间，这对于大批量生产的简单作业，基本上还能满足要求。但是，随着机器人应用到中小批量生产，以及要求完成任务的复杂程度的增加，用示教编程方式就很难适应了。

而且，随着计算机技术和机器人技术的不断发展，机器人与 CAD/CAM 技术结合，已形成生产效率很高的柔性制造系统（FMS）和计算机集成制造系统（CIMS）。这些系统中大量采用工业机器人，具有很高的适应性和灵活性。在这样的环境中，若仍采用示教编程方式，当对某台机器人进行编程或修改程序时，就得让整个生产线都停顿下来，显然是不可能的；再者，对于在复杂环境中工作的机器人，在实际使用之前，对机器人及其工作环境乃至生产过程的计算机仿真是必不可少的。

二、离线编程的概念

离线编程与机器人语言编程相比也具有明显的特点。正如上面所述，语言编程目前是动作级机器人语言和对象级机器人语言，编程工作非常繁重。机器人离线编程就是利用计算机图形学的成果，建立机器人及作业环境的三维几何模型，然后对机器人所要完成的任务进行离线规划和编程，并对编程结果进行动态图形仿真，最后将满足要求的编程结果传到机器人控制柜，使机器人完成指定的作业任务。因此，离线编程可以看作动作级和对象级语言图形方式的延伸，是研制任务级语言编程的重要基础。机器人离线编程已经证明是一个有力的工具，对于提高机器人的使用效率和工作质量，提高机器人的柔性和机器人的应用水平都有重要的意义，机器人要在 FMS 和 CIMS 中发挥作用，必须依靠离线编程技术的开发及应用。

三、离线编程系统的一般要求

工业机器人离线编程系统的一个重要特点是能够和 CAD／CAM 建立联系，能够利用 CAD 数据库的资料。对于一个简单的机器人作业，几乎可以直接利用 CAD 对零件的描述来实现编程。但一般情况，作为一个实用的离线编程系统设计，则需要更多方面的知识，至少要考虑以下几点：

① 对将要编程的生产系统工作过程的全面了解。

② 机器人和工作环境三维实体模型。

③ 机器人几何学、运动学和动力学的知识。

④ 能用专门语言或通用语言编写出基于①、②、③的软件系统，要求该系统是基于图形显示的。

⑤ 能用计算机构型系统进行动态模拟仿真，对运动程序进行测试，并检测算法，如检查机器人关节角超限，运动轨迹是否正确，以及进行碰撞的检测。

⑥ 传感器的接口和仿真，以利用传感器的信息进行决策和规划。

⑦ 通信功能，从离线编程系统所生成的运动代码到各种机器人控制柜的通信。

⑧ 用户接口，提供友好的人／机界面，并要解决好计算机与机器人的接口问题，以便人工干预和进行系统的操作。

此外，由于离线编程系统是基于机器人系统的图形模型，通过仿真模拟机器人在实际环境中的运动而进行编程的，存在着仿真模型与实际情况的误差。离线编程系统应设法把这个问题考虑进去，一旦检测出误差，就要对误差进行校正，以使最后编程结果尽可能符合实际情况。

四、离线编程系统的基本组成

作为一个完整的机器人离线编程系统，应该包含以下几个方面的内容：用户接口、机器人系统的三维几何构型、运动学计算、轨迹规划、三维图形动态仿真、通信及后置处理、误差的校正等。实用化的机器人离线编程系统都是在上述基础上，根据实际情况进行扩充而成。图 8-8 所示为一个通用的机器人离线编程系统的结构框图。

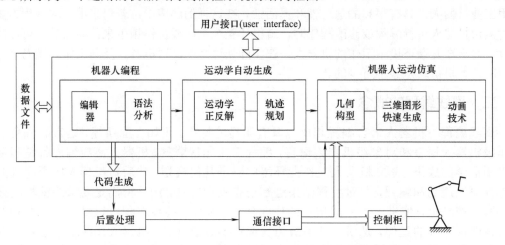

图 8-8 通用机器人离线编程系统结构框图

1. 用户接口

用户接口又称用户界面，是计算机与用户之间通信的重要综合环境，在设计离线编程系统时，就应考虑建立一个方便实用、界面直观的用户接口，利用它能产生机器人系统编程的环境以及方便地进行人机交互。作为离线编程的用户接口，一般要求具有文本编辑界面和图形仿真界面两种形式。文本方式下的用户接口可对机器人程序进行编辑、编译等操作，而对机器人的图形仿真及编辑则通过图形界面进行。用户可以用鼠标或光标等交互式方法改变屏幕上机器人几何模型的位形。通过通信接口，可以实现对实际机器人控制，使之与屏幕机器人姿态一致。有了这一项功能，就可以取代现场机器人的示教盒的编程。

可以说，一个设计好的离线编程用户接口，能够帮助用户方便地进行整个机器人系统的构型和编程的操作，其作用是很大的。

2. 机器人系统的三维几何构型

机器人系统的三维几何构型在离线编程系统中具有很重要的地位。正是有了机器人系统的几何描述和图形显示，并对机器人的运动进行仿真，才使编程者能直观地了解编程结果，并对不满意的结果及时加以修正。

要使离线编程系统构型模块有效地工作，在设计时一般要考虑以下一些问题：

① 良好的用户环境，即能提供交互式的人机对话环境，用户只要输入少量信息，就能方便地对机器人系统构型。

② 能自动生成机器人系统的几何信息及拓扑信息。

③ 能方便地进行机器人系统的修改，以适应实际机器人系统的变化。

④ 能适合于不同类型机器人的构型，这是离线编程系统通用化的基础。

机器人本身及作业环境，其实际形状往往很复杂。在构型时可以将机器人系统进行适当简化，保留其外部特征和部件间相互关系，而忽略其细节部分。这样做是有理由的，因为对机器人系统进行构型的目的不是研究机器人本体的结构设计，而是为了仿真，即用图形的方式模拟机器人的运动过程，以检验机器人运动轨迹的正确性和合理性。

对机器人系统构型，可以利用计算机图形学几何构型的成果。在计算机三维构型的发展过程中，已先后出现了线框构型、实体构型、曲面构型以及扫描变换等多种方式。

3. 运动学计算

机器人的运动学计算包含两部分：一是运动学正解，二是运动学逆解。运动学正解，是已知机器人几何参数和关节变量，计算出机器人终端相对于基座坐标系的位置和姿态。运动学逆解，是在给出机器人终端的位置和姿态，解出相应的机器人形态，即求出机器人各关节变量值。

对机器人运动学正逆解的计算，是一项冗长复杂的工作。在机器人离线编程系统中，人们一直渴求一种能比较通用的运动学正解和逆解的运动学生成方法，使之能对大多数机器人的运动学问题都能求解，而不必对每一种机器人都进行正逆解的推导计算。离线编程系统中如能加入运动学方程自动生成功能，系统的适应性就比较强，且易扩展，容易推广应用。

4. 轨迹规划

轨迹规划是用来生成关节空间或直角空间的轨迹，以保证机器人实现预定的作业。机器人的运动轨迹最简单的形式是点到点的自由移动，这种情况只要求满足两边界点约束条件，再无其他约束。运动轨迹的另一种形式是依赖于连续轨迹的运动，这类运动不仅受到路径约束，而且还受到运动学和动力学的约束。离线编程系统的轨迹规划器的方框图如图8-9所示。轨迹规划器接受路径设定和约束条件的输入变量，输出起点和终点之间按时间排列的中间形态（位姿、速度、加速度）序列，它们可用关节坐标或直角坐标表示。

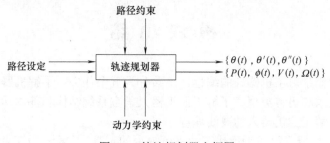

图 8-9 轨迹规划器方框图

为了发挥离线编程系统的优势，轨迹规划器还应具备可达空间的计算以及碰撞检测等功能。

① 可达空间的计算。在进行轨迹规划时，首先需要确定出机器人的可达空间，以决定出机器人工作时所能到的范围。机器人的可达空间是衡量机器人工作能力的一个重要指标。

② 碰撞的检测。在轨迹规划过程中，要保证机器人的连杆不与周围环境物相碰，因此碰撞的检测功能是很重要的。

5. 三维图形动态仿真

离线编程系统在对机器人运动进行规划后，将形成以时间先后排列的机器人各关节的关节角序列。经过运动学正解方程式，就可得出与之相应的机器人一系列不同的位姿。将这些位姿参数通过离线编程系统的构型模块，产生出对应每一位姿的一系列机器人图形。然后将这些图形在微机屏幕上连续显示出来，产生动画效果，从而实现了对机器人运动的动态仿真。

机器人动态仿真是离线编程系统的重要组成部分。它逼真地模拟了机器人的实际工作过程，为编程者提供了直观的可视图形，进而可以检验编程的正确性和合理性。而且还可以通过对图形的多种操作，来获得更为丰富的信息。

6. 通信及后置处理

对于一项机器人作业，利用离线编程系统在计算机上进行编程，经模拟仿真确认程序无误后，需要利用通信接口把编程结果传送给机器人控制器。因此，存在着编程计算机与机器人之间的接口与通信问题。通信涉及计算机网络协议和机器人提供的握手协议之间的相互认同，如果有这样的标准通信接口，通过它能把机器人仿真程序直接转化成各种机器人控制器能接受的代码，那么通信问题也就简单了。后置加工是指对语言加工或翻译，使离线编程系统结果转换成机器人控制器可接受的格式或代码。

7. 误差的校正

由于仿真模型和被仿真的实际机器人之间存在误差，故在离线编程系统中要设置误差校正环节。如何有效地消除或减小误差，是离线编程系统实用化的关键。目前误差校正的方法主要有以下两种。

① 基准点方法。即在工作空间内选择一些基准点，由离线编程系统规划使机器人运动经过这些点，利用基准点和实际经过点两者之间的差异形成误差补偿函数。此法主要用于精度要求不高的场合（机器人喷漆）。

② 利用传感器反馈的方法。首先利用离线编程系统控制机器人位置，然后利用传感器来进行局部精确定位。该方法用于较高精度的场合（如装配机器人）。

模 块 小 结

本模块中，我们学习了机器人的编程。一共分为五个任务：了解机器人编程方式、了解工业机器人编程要求和语言类型、了解工业机器人语言系统结构和基本功能、了解常用的机器人编程语言、了解工业机器人的离线编程。

进入21世纪，机器人已成为现代工业不可缺少的工具，它标志着工业的现代化程度。而随着计算机技术、微电子技术以及网络技术的快速发展，机器人技术也得到了迅猛的发展。机器人是一个可编程的机械装置，其功能的灵活性和智能性很大程度上取决于机器人的编程能力。

习 题

1. 工业机器人编程方式有哪几种？试说明其应用场合。

2. 工业机器人语言是如何分类的？各有何特点？

3. 工业机器人语言的特征是什么？

4. 工业机器人语言结构包括哪些？

5. 工业机器人语言的基本功能是什么？

6. 常用的工业机器人语言有哪些？各有哪些特点？

7. 什么是机器人离线编程？机器人离线编程系统主要由哪些部分组成？作用是什么？

模块九 工业机器人轨迹规划

在确定了机器人的行动目标以后，机器人的各个关节就会开始动作，使机器人移动。机器人从开始动作一直到到达目的地为止，便会产生运动的轨迹，这就是这一个模块要学习的知识了。

轨迹规划（trajectory planning）是指根据作业任务的要求，确定轨迹参数并实时计算和生成运动轨迹。它是工业机器人控制的依据，所有控制的目的都在于精确实现所规划的运动。图 9-0 所示为某机器人运动轨迹。

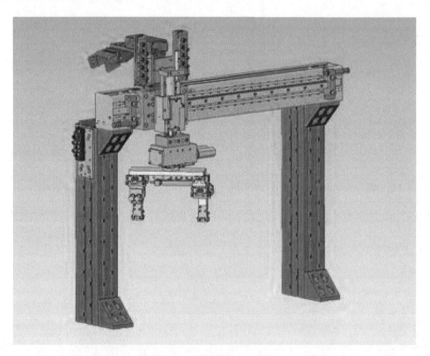

图 9-0 机器人运动轨迹

 知识目标

1. 了解工业机器人轨迹规划的概念。
2. 了解工业机器人轨迹规划的生成方式。
3. 掌握机器人的关节空间法。
4. 熟悉直角坐标空间法。
5. 了解轨迹的实时生成（关节空间轨迹的生成、直角坐标空间轨迹的生成）。

技能目标

1. 会分析机器人的运动轨迹。
2. 会使用关节空间法来生成机器人的运动轨迹。
3. 会使用直角坐标空间法来生成机器人的运动轨迹。

任务安排

序号	任务名称	任务主要内容
1	了解工业机器人轨迹规划	了解机器人轨迹规划的概念 了解轨迹规划的一般性问题 了解轨迹的生成方式
2	掌握关节空间法	掌握三次多项式插值 掌握过路径点的三次多项式插值 掌握五次多项式插值 掌握用抛物线过渡的线性函数插值
3	熟悉直角坐标空间法	熟悉直角坐标空间描述 熟悉直角坐标空间的轨迹规划
4	了解轨迹的实时生成	了解关节空间轨迹的生成 了解直角坐标空间轨迹的生成

任务 1 　了解工业机器人轨迹规划

一、任务导入

轨迹规划方法分为两个方面：对于移动机器人移动的路径轨迹规划，如机器人是在有地图条件或是没有地图的条件下，移动机器人按什么样的路径轨迹来行走；对于工业机器人则指的是两个方向，机械臂末端行走的曲线轨迹，或是操作臂在运动过程中的位移、速度和加速度的曲线轮廓。

二、机器人轨迹规划的概念

机器人轨迹是指工业机器人在工作过程中的运动轨迹，即运动点的位移、速度和加速度。规划是一种问题求解方法，即从某个特定问题的初始状态出发，构造一系列操作步骤（或算子），以达到解决问题的目标状态。而机器人的轨迹规划是指根据机器人作业任务的要求（作业规划），对机器人末端操作器在工作过程中位姿变化的路径、取向及其变化速度和加速度进行人为设定。在轨迹规划中，需根据机器人所完成的作业任务要求，给定机器人末端操作器的初始状态、目标状态及路径所经过的有限个给定点，对于没有给定的路径区间则必须选择关节插值函数，生成不同的轨迹。

工业机器人轨迹规划属于机器人低层次规划，基本上不涉及人工智能的问题，本模块仅讨论在关节空间或笛卡儿空间中工业机器人运动的轨迹规划和轨迹生成方法。

三、轨迹规划的一般性问题

机器人的作业可以描述成工具坐标系 $\{T\}$ 相对于工作台坐标系 $\{S\}$ 的一系列运动。如图 9-1 所示，将销插入工件孔中的作业可以借助工具坐标系的一系列位姿 P_i（$i=1,2,\cdots,n$）来

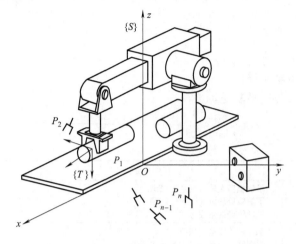

图 9-1　机器人将销插入工件孔中的作业描述

描述。这种描述方法不仅符合机器人用户考虑问题的思路，而且有利于描述和生成机器人的运动轨迹。

用工具坐标系相对于工作台坐标系的运动来描述作业路径是一种通用的作业描述方法，它把作业路径描述与具体的机器人、手爪或工具分离开来，形成了模型化的作业描述方法，从而使这种描述既适用于不同的机器人，也适用于可装夹不同规格工具的某一个机器人。有了这种描述方法，就可以把图 9-2 所示的机器人从初始状态运动到终止状态的作业看作是工具坐标系从初始位置 $\{T_0\}$ 到终止位置 $\{T_f\}$ 的坐标变换。显然，这种变换与具体的机器人无关。一般情况下，这种变换包含了工具坐标系位置和姿态的变化。

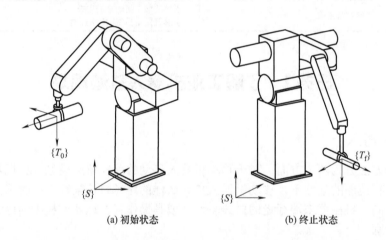

(a) 初始状态　　　　　　(b) 终止状态

图 9-2　机器人的初始状态和终止状态

在轨迹规划中，为叙述方便，也常用点来表示机器人的状态或工具坐标系的位姿，如起始点、终止点就分别表示工具坐标系的起始位姿、终止位姿。

需要更详细地描述运动时，不仅要规定机器人的起始点和终止点，而且要给出介于起始点和终止点之间的中间点，也称路径点。这时，运动轨迹除了位姿约束外，还存在着各路径点之间的时间分配问题。例如，在规定路径的同时，还必须给出两个路径点之间的运动时间。

机器人的运动应当平稳，不平稳的运动将加剧机械部件的磨损，并导致机器人的振动和冲击。为此，要求所选择的运动轨迹描述函数必须是连续的，而且它的一阶导数（速度），甚至二阶导数（加速度）也应该连续。

轨迹规划既可以在关节空间中进行，也可以在直角坐标空间中进行。在关节空间中进行轨迹规划是指将所有的关节变量表示为时间的函数，用这些关节函数及其一阶、二阶导数描述机器人预期的运动；在直角坐标空间中进行轨迹规划是指将手爪位姿、速度和加速度表示为时间的函数，而相应的关节位置、速度和加速度由手爪信息导出。

在规划机器人的运动时，还需要弄清楚在其路径上是否存在障碍物（障碍约束），本模块主要讨论连续路径的无障碍轨迹规划方法。

四、轨迹的生成方式

运动轨迹的描述或生成有以下几种方式。

（1）示教再现运动　即由人手把手示教机器人，定时记录各关节变量，得到沿路径运动时各关节的位移时间函数 $q(t)$；再现时，按内存中记录的各点的值产生序列动作。

（2）关节空间运动　这种运动直接在关节空间里进行。由于动力学参数及其极限值直接在关节空间中描述，所以用这种方式求费时最短的运动很方便。

（3）空间直线运动　这是一种在直角空间里的运动，它便于描述空间操作，计算量小，适宜于简单的作业。

（4）空间曲线运动　这是一种在描述空间中可用明确的函数表达的运动，如圆周运动、螺旋运动等。

下面讨论机器人的轨迹规划和轨迹的生成。

任务 2　掌握关节空间法

一、任务导入

在关节空间中进行轨迹规划，首先需要将每个作业路径点向关节空间变换，即用逆运动学方法把路径点转换成关节角度值，或称为关节路径点。当对所有作业路径点都进行这种变换后，便形成了多组关节路径点。然后，为每个关节相应的关节路径点拟合光滑函数。这些关节函数分别描述了机器人各关节从起始点开始，依次通过路径点，最后到达某目标点的运动轨迹。由于每个关节在相应路径段运行的时间相同，所有关节都将同时到达路径点和目标点，从而保证工具坐标系在各路径点具有预期的位姿。需要注意的是，尽管每个关节在同一段路径上具有相同的运行时间，但各关节函数之间是相互独立的。

在关节空间中进行轨迹规划时，不需考虑直角坐标空间中两个路径点之间的轨迹形状，仅以关节角度的函数来描述机器人的轨迹即可，计算简单、省时；而且由于关节空间与直角坐标空间并不是连续的对应关系，在关节空间内不会发生机构的奇异现象，从而可避免在直角坐标空间规划时会出现的关节速度失控问题。

在关节空间进行轨迹规划的规划路径不是唯一的。只要满足路径点上的约束条件，就可以选取不同类型的关节角度函数，生成不同的轨迹。

二、三次多项式插值

假设机器人的起始和终止位姿是已知的，由逆运动学方程，可求得机器人对应两处位姿的期望关节角。因此，可以在关节空间中用通过起始和终止关节角的一个平滑轨迹函数 $\theta(t)$ 来描述末端操作器的运动轨迹。

为了实现关节的平稳运动，每个关节的轨迹函数 $\theta(t)$ 至少需要满足四个约束条件：两个端点位置约束和两个端点速度约束。

三次多项式插值

端点位置约束是指起始位姿和终止位姿所分别对应的关节角度。$\theta(t)$ 在时刻 $t_0=0$ 的值等于起始关节角度 θ_0，在终止时刻 t_f 的值等于终止关节角度 θ_f，即

$$\begin{cases} \theta(0) = \theta_0 \\ \theta(t_f) = \theta_f \end{cases} \tag{9-1}$$

关节运动速度的连续性要求，在起始点和终止点的关节角速度可简单地设定为零，即

$$\begin{cases} \dot{\theta}(0) = 0 \\ \dot{\theta}(t_f) = 0 \end{cases} \tag{9-2}$$

由上面给出的四个约束条件可以唯一地确定一个三次多项式，即

$$\theta(t) = a_0 + a_1 t + a_2 t^2 + a_3 t^3 \tag{9-3}$$

对应于该路径的关节角速度和角加速度则为

$$\begin{cases} \dot{\theta}(t) = a_1 + 2a_2 t + 3a_3 t^2 \\ \ddot{\theta}(t) = 2a_2 + 6a_3 t \end{cases} \tag{9-4}$$

把上述的四个约束条件代入式（9-3）和式（9-4）可得

$$\begin{cases} \theta(0) = a_0 = \theta_0 \\ \theta(t_f) = a_0 + a_1 t_f + a_2 t_f^2 + a_3 t_f^3 \\ \dot{\theta}(0) = a_1 = 0 \\ \dot{\theta}(t_f) = a_1 + 2a_2 t_f + 3a_3 t_f^2 \end{cases} \tag{9-5}$$

求解以上方程组可得

$$\begin{cases} a_0 = \theta_0 \\ a_1 = 0 \\ a_2 = \dfrac{3}{t_f^2}(\theta_f - \theta_0) \\ a_3 = -\dfrac{2}{t_f^3}(\theta_f - \theta_0) \end{cases} \tag{9-6}$$

需要强调的是：这组解只适用于关节起始点和终止点速度为零的运动情况。对于其他情况，后面将另行讨论。

例 9-1　要求一个六轴机器人的第一关节在 5s 内从初始角 30° 运动到终止角 75°，且起始点和终止点速度均为零。用三次多项式规划该关节的运动，并计算在第 1s、第 2s、第 3s 和第 4s 时关节的角度。

解：将约束条件代入式（9-6），可得

$a_0=30$，$a_1=0$，$a_2=5.4$，$a_3=-0.72$

由此得关节角位置、角速度和角加速度方程分别为

$\theta(t)=30+5.4t^2-0.72t^3$

$\dot{\theta}(t)=10.8t-2.16t^2$

$\ddot{\theta}(t)=10.8-4.32t$

代入时间求得

$\theta(1)=34.68°$，　$\theta(2)=45.84°$，

$\theta(3)=59.16°$，　$\theta(4)=70.32°$

该关节的角位置、角速度和角加速度随时间变化的曲线如图 9-3 所示。可以看出，本例

中所需要的初始角加速度为 $10.8°/s^2$，运动末端的角加速度为 $-10.8°/s^2$。

三、过路径点的三次多项式插值

若所规划的机器人作业路径在多个点上有位姿要求，如图9-4所示，机器人作业除在 A、B 点有位姿要求外，在路径点 C、D 也有位姿要求。对于这种情况，假如末端操作器在路径点停留，即各路径点上的速度为零，则轨迹规划可连续直接使用前面介绍的三次多项式插值方法；但若末端操作器只是经过路径点而并不停留，就需要将前述方法推广开来。

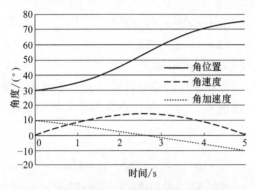

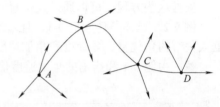

图9-3　例9-1中机器人关节的角位置、角速度和角加速度　　　图9-4　机器人作业路径点

对于机器人作业路径上的所有路径点，可以用求解逆运动学的方法先得到多组对应的关节空间路径点，进行轨迹规划时，把每个关节上相邻的两个路径点分别看作起始点和终止点，再确定相应的三次多项式插值函数，最后把路径点平滑连接起来。一般情况下，这些起始点和终止点的关节运动角速度不再为零。

设路径点上的关节速度已知，在某段路径上，起始点关节角速度和角加速度分别为 θ_0 和 $\dot{\theta}_0$，终止点关节角速度和角加速度分别为 θ_f 和 $\dot{\theta}_f$，这时，确定三次多项式系数的方法与前所述完全一致，只是角速度约束条件变为：

$$\begin{cases} \dot{\theta}(0) = \dot{\theta}_0 \\ \dot{\theta}(t_f) = \dot{\theta}_f \end{cases} \tag{9-7}$$

利用约束条件确定三次多项式系数，有方程组

$$\begin{cases} \theta_0 = a_0 \\ \theta_f = a_0 + a_1 t_f + a_2 t_f^2 + a_3 t_f^3 \\ \dot{\theta}_0 = a_1 \\ \dot{\theta}_f = a_1 + 2a_2 t_f + 3a_3 t_f^2 \end{cases} \tag{9-8}$$

求解该方程组可得

$$\begin{cases} a_0 = \theta_0 \\ a_1 = \dot{\theta}_0 \\ a_2 = \dfrac{3}{t_f^2}(\theta_f - \theta_0) - \dfrac{2}{t_f}\dot{\theta}_0 - \dfrac{1}{t_f}\dot{\theta}_f \\ a_3 = -\dfrac{2}{t_f^3}(\theta_f - \theta_0) + \dfrac{1}{t_f^2}(\dot{\theta}_0 + \dot{\theta}_f) \end{cases} \tag{9-9}$$

　　当路径点上的关节角速度为零，即 $\dot{\theta}_0=\dot{\theta}_f=0$ 时，式（9-9）与式（9-6）完全相同，这就说明由式（9-9）确定的三次多项式描述了起始点和终止点具有任意给定位置和速度约束条件的运动轨迹。

四、五次多项式插值

　　除了指定运动段的起始点和终止点的位置和速度外，也可以指定该运动段的起始点和终止点加速度。这样，约束条件的数量就增加到了六个，相应地可采用下面的五次多项式来规划轨迹运动，即

$$\theta(t)=a_0+a_1t+a_2t^2+a_3t^3+a_4t^4+a_5t^5 \tag{9-10}$$

$$\dot{\theta}(t)=a_1+2a_2t+3a_3t^2+4a_4t^3+5a_5t^4 \tag{9-11}$$

$$\ddot{\theta}(t)=2a_2+6a_3t+12a_4t^2+20a_5t^3 \tag{9-12}$$

　　根据这些方程，可以通过角位置、角速度和角加速度约束条件计算五次多项式的系数。

　　例 9-2　已知条件同例 9-1，且起始点角加速度为 $5°/s^2$，终止点角加速度为 $-5°/s^2$，求机器人关节的角位置、角速度和角加速度。

　　解：由例 9-1 和给出的角加速度值得到

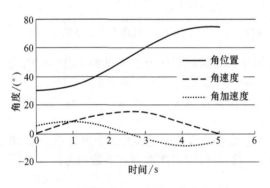

$$\theta_0=30°，\quad \dot{\theta}_0=0°/s^2，\quad \ddot{\theta}_0=5°/s^2$$

$$\theta_t=75°，\quad \dot{\theta}_t=0°/s^2，\quad \ddot{\theta}_t=-5°/s^2$$

　　将起始和终止约束条件代入式（9-10）～式（9-12）得

$$a_0=30,\quad a_1=0,\quad a_2=2.5$$

$$a_3=1.6,\quad a_4=-0.58,\quad a_5=0.0464$$

　　求得如下运动方程，即

$$\theta(t)=30+2.5t^2+1.6t^3-0.58t^4+0.0464t^5$$

$$\dot{\theta}(t)=5t+4.8t^2-2.32t^3+0.232t^4$$

$$\ddot{\theta}(t)=5+9.6t-6.96t^2+0.928t^3$$

图 9-5　例 9-2 中机器人关节的角位置、角速度和角加速度曲线

　　图 9-5 所示为机器人关节的角位置、角速度和角加速度曲线，其最大角加速度为 $8.7°/s^2$。

五、用抛物线过渡的线性函数插值

　　在关节空间轨迹规划中，对于给定起始点和终止点的情况，选择线性函数插值较为简单。然而，单纯线性函数插值会导致起始点和终止点的关节运动速度不连续，以及加速度无穷大，显然，这样在两端点会造成刚性冲击。

　　为此，应对线性函数插值方案进行修正，在线性函数插值两端点的邻域内设置一段抛物线形缓冲区段。由于抛物线函数对时间的二阶导数为常数，即相应区段内的加速度恒定，这样可保证起始点和终止点的速度平滑过渡，从而使整个轨迹上的位置和速度连续。线性函数与两段抛物线函数平滑地衔接在一起形成的轨迹称为带有抛物线过渡域的线性轨迹，如图 9-6 所示，其中 ab 为线性段长度。

　　设两端的抛物线轨迹具有相同的持续时间 t_a 和大小相同而符号相反的恒加速度 $\ddot{\theta}$。这种路径规划存在多个解，其轨迹不唯一，如图 9-7 所示。但是，每条路径都对称于时间和位置中点 (t_h, θ_h)。

　　若要保证路径轨迹的连续、光滑，则要求抛物线轨迹的终止点角速度必须等于线性段的角速度，故有

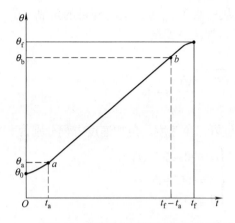

图 9-6　带有抛物线过渡域的线性轨迹

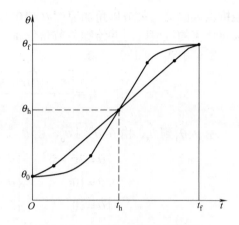

图 9-7　轨迹的多解性与对称性

$$\ddot{\theta}t_a = \frac{\theta_h - \theta_a}{t_h - t_a} \tag{9-13}$$

式中，θ_a 为对应于抛物线持续时间 t_a 的关节角度。θ_a 的值可由下式求出：

$$\theta_a = \theta_0 + \frac{1}{2}\ddot{\theta}t_a^2 \tag{9-14}$$

设关节从起始点到终止点的总运动时间为 t_f，则 $t_f = 2t_h$，并注意到

$$\theta_h = \frac{1}{2}(\theta_0 + \theta_f) \tag{9-15}$$

则由式（9-13）～式（9-15）得

$$\ddot{\theta}t_a^2 - \ddot{\theta}t_f t_a + \theta_f - \theta_0 = 0 \tag{9-16}$$

一般情况下，θ_0、θ_f、t_f 是已知条件，这样，根据式（9-13）可以选择相应的 $\ddot{\theta}$ 和 t_a，得到相应的轨迹。通常的做法是先选定角加速度 $\ddot{\theta}$ 的值，然后按式（9-16）求出相应的 t_a，即

$$t_a = \frac{1}{2}t_f - \frac{\sqrt{\ddot{\theta}^2 t_f^2 - 4\ddot{\theta}(\theta_f - \theta_0)}}{2\ddot{\theta}} \tag{9-17}$$

由式（9-17）可知，为保证 t_a 有解，角加速度值 $\ddot{\theta}$ 必须选得足够大，即

$$\ddot{\theta} \geqslant \frac{4(\theta_f - \theta_0)}{t_f^2} \tag{9-18}$$

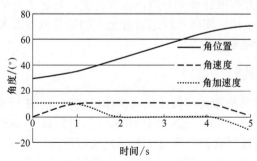

当式（9-18）中的等号成立时，轨迹线性段的长度缩减为零，整个轨迹由两个过渡域组成，这两个过渡域在衔接处的斜率（关节速度）相等。角加速度的值愈大，过渡域的长度会愈短；若角加速度的值趋于无穷大，轨迹又复归到简单的线性插值情况。

图 9-8　例 9-3 中机器人关节的角位置、角速度和角加速度曲线

例 9-3　在例 9-1 中，假设六

轴机器人的第一关节以角加速度 $\ddot{\theta}$ =10°/s² 在 5s 内从初始角 θ_0=30° 运动到目的角 θ_f=70°。求解所需的过渡时间并绘制关节角位置、角速度和角加速度曲线。

解： 由式（9-17）可得

$$t_a = \left[\frac{5}{2} - \frac{\sqrt{10^2 \times 5^2 - 4 \times 10 \times (70-30)}}{2 \times 10} \right] s = 1s$$

由 $\theta=\theta_0$ 到 θ_a、由 $\theta=\theta_a$ 到 θ_b、由 $\theta=\theta_b$ 到 θ_f 的角位置、角速度、角加速度方程分别为

$$\begin{cases} \theta = 30 + 5t^2 \\ \dot{\theta} = 10t \\ \ddot{\theta} = 10 \end{cases}, \quad \begin{cases} \theta = \theta_a + 10t \\ \dot{\theta} = 10 \\ \ddot{\theta} = 0 \end{cases}, \quad \begin{cases} \theta = 70 - 5(5-t)^2 \\ \dot{\theta} = 10(5-t) \\ \ddot{\theta} = -10 \end{cases}$$

根据以上方程，绘制出图 9-8 所示的该关节的角位置、角速度和角加速度速度曲线。

由例 9-3 可以看出，用抛物线过渡的线性函数插值进行轨迹规划的物理概念非常清楚，即在机器人每一关节中，电动机采用等加速、等速和等减速的运动规律。

如果运动段不止一个，即机器人运动到第一运动段末端点后，还将向下一点运动，那么该点可能是终止点也可能是另一中间点。正如前面所讨论的，要采用各种运动段间过渡的办法来避免时停时走。假如已知机器人在初始时间 t_0 的位置，可以利用逆运动学方程来求解中间点和终点的关节角。在各段之间进行过渡时，利用每一点的边界条件来计算抛物线段的系数。例如，已知机器人开始运动时关节的角位置和角速度，并且在第一运动段的末端点角位置和角速度必须连续，可以将它们作为中间点的边界条件，进而可以对新的运动段进行计算，重复这一过程直至计算出所有运动段并到达终点。显然，对于每一个运动段，必须基于给定的关节角速度求出新的 t_a，同时还须检验角加速度是否超过限值。

任务 3　熟悉直角坐标空间法

一、任务导入

所有用于关节空间的规划方法都可以用于直角坐标空间轨迹规划。直角坐标轨迹规划必须不断进行逆运动运算，以便及时得到关节角。

直角空间轨迹规划必须反复求解逆运动方程来计算关节角，也就是说，对于关节空间轨迹规划，规划生成的值就是关节值，而直角坐标空间轨迹规划函数生成的值是机器人末端手的位姿，它们需要通过求解逆运动方程才化为关节量。

直角坐标空间
描述

二、直角坐标空间描述

图 9-9 所示为平面两关节机器人，假设末端操作器要在 A、B 两点之间画一直线。为使机器人从点 A 沿直线运动到点 B，将直线 AB 分成许多小段，并使机器人的运动经过所有的中间点。为了完成该任务，在每一个中间点处都要求解机器人的逆运动学方程，计算出一系列的关节量，然后

由控制器驱动关节到达下一目标点。当通过所有的中间目标点时，机器人便到达了所希望到达的点 B。与前面提到的关节空间描述不同，这里机器人在所有时刻的位姿变化都是已知的，机器人所产生的运动序列首先在直角坐标空间描述，然后转化为在关节空间描述。由此也容易看出，采用直角坐标空间描述的计算量远大于采用关节空间描述的，然而使用该方法能得到一条可控、可预知的路径。

直角坐标空间轨迹在常见的直角坐标空间中表示，因此非常直观，人们也能很容易地看到机器人末端操作器的轨迹。然而，直角坐标空间轨迹计算量大，需要较快的处理速度才能得到类似于关节空间轨迹的计算精度。此外，虽然在直角坐标空间中得到的轨迹非常直观，但难以确保不存在奇异点。如图 9-9 中，连杆 2 比连杆 1 短，所以在工作空间中从点 A 运动到点 B 没有问题。但是如果机器人末端操作器试图在直角坐标空间中沿直线运动，将无法到达路径上的某些中间点。

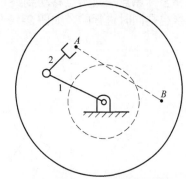

图 9-9   直角坐标空间轨迹规划的问题

该例表明在某些情况下，在关节空间中直线路径容易实现，而在直角坐标空间中的直线路径将无法实现。此外，两点间的运动有可能使机器人关节值发生突变。为解决上述问题，可以指定机器人必须通过的中间点，以避开这些奇异点。正因为直角坐标空间轨迹规划存在上述问题，现有的多数工业机器人轨迹规划器都具有关节空间轨迹生成和直角坐标空间轨迹生成两种功能。用户通常使用关节空间法，只有在必要时，才采用直角坐标空间法，但直角坐标法对于连续轨迹控制是必需的。

三、直角坐标空间的轨迹规划

直角坐标空间轨迹与机器人相对于直角坐标系的运动有关，如机器人末端操作器的位姿便是沿循直角坐标空间的轨迹。除了简单的直线轨迹以外，也可以用许多其他的方法来控制机器人，使之在不同点之间沿一定的轨迹运动。而且，所有用于关节空间轨迹规划的方法都可用于直角坐标空间的轨迹规划。直角坐标空间轨迹规划与关节空间轨迹规划的根本区别在于，关节空间轨迹规划函数生成的值是关节变量，而直角坐标空间轨迹规划函数生成的值是机器人末端操作器的位姿，需要通过求解逆运动学方程才能转化为关节变量。因此，进行直角坐标空间轨迹规划时必须反复求解逆运动学方程，以计算关节角。

上述过程可以简化为如下循环：①将时间增加一个增量 $t = t + \Delta t$；②利用所选择的轨迹函数计算出手的位姿；③利用机器人逆运动学方程计算出对应末端操作器位姿的关节变量；④将关节信息送给控制器；⑤返回到循环的新的起始点。

在工业应用中，最实用的轨迹是点到点之间的直线运动，但也会碰到多目标点（如中间点）间需要平滑过渡的情况。为实现一条直线轨迹，必须计算起始点和终止点位姿之间的变换，并将该变换划分为许多小段。起始点构形 T_0 和终止点构形 T_f 之间的总变换 R 可通过下面的方程计算：

$$\begin{cases} T_f = T_0 R \\ T_0^{-1} T_f = T_0^{-1} T_0 R \\ R = T_0^{-1} T_f \end{cases} \tag{9-19}$$

可以用以下几种方法将该总变换转化为许多的小段变换。

① 将起始点和终止点之间的变换分解为一个平移运动和两个旋转运动。一个平移是指将坐标原点从起始点移动到终止点；两个旋转分别是指将末端操作器坐标系与期望姿态对准，以及将末端操作器坐标系绕其自身轴转到最终的姿态。这三个变换是同时进行的。

② 将起始点和终止点之间的变换 R 分解为一个平移运动和一个绕 $\hat{k}$ 轴的旋转运动。平移仍是将坐标原点从起始点移动到终止点，而旋转是将手臂坐标系与最终的期望姿态对准，两个变换也是同时进行的，如图 9-10 所示。

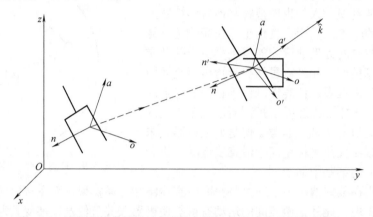

图 9-10　直角坐标空间轨迹规划中起始点和终止点之间的变换

③ 对轨迹进行大量分段，以使起始点和终止点之间有平滑的线性变换。这样会产生大量的微分运动，利用微分运动方程，可将末端坐标系在每一段上的位姿与微分运动、雅可比矩阵及关节速度联系在一起。不过，采用该方法时需要进行大量的计算，并且仅当雅可比矩阵存在时才有效。

任务 4　了解轨迹的实时生成

一、任务导入

之前的轨迹规划任务中所学习的是根据给定的路径点规划出运动轨迹的所有参数。前面讨论了在给定路径点的情况下如何规划出运动轨迹的问题。但是还有一个如何描述路径点并以合适的方式输入给机器人的问题。最常用的方法便是利用机器人语言。

用户将要求实现的动作编成相应的应用程序，其中有相应的语句用来描述轨迹规划，并通过相应的控制作用来实现期望的运动。

二、关节空间轨迹的生成

前面任务内容介绍了几种关节空间轨迹规划的方法，按照这些方法所得的计算结果都是有关各个路径段的数据。控制系统的轨迹生成器利用这些数据以轨迹更新的速率计算出 θ、$\dot{\theta}$ 和 $\ddot{\theta}$。对于三次多项式，轨迹生成器只需要随 t 的变化不断按式（9-3）和式（9-4）计算 θ、$\dot{\theta}$ 和 $\ddot{\theta}$。当到达路径段的终止点时，调用新路径段的三次多项式系数，重新把 t 置零，继续生成轨迹。对于带抛物线拟合的直线样条曲线，每次更新轨迹时，应首先检测时间 t 的值以判断当前是处在路径段的直线区段还是抛物线拟合区段。在直线区段，对每个关节的轨迹计算如下：

$$\begin{cases} \theta = \theta_0 + \omega\left(t - \dfrac{1}{2}t_a\right) \\[2mm] \dot{\theta} = \omega \\[2mm] \ddot{\theta} = 0 \end{cases} \tag{9-20}$$

式中，ω 为根据驱动器的性能而选择的定值；t_a 可根据式（9-17）计算。在起始点拟合区段，对各关节的轨迹计算如下：

$$\begin{cases} \theta = \theta_0 + \dfrac{1}{2}\omega t_a \\[2mm] \dot{\theta} = \dfrac{\omega}{t_a}t \\[2mm] \ddot{\theta} = \dfrac{\omega}{t_a} \end{cases} \tag{9-21}$$

终止点处的抛物线段与起始点处的抛物线段是对称的，只是其加速度为负，因此可按照下式计算：

$$\begin{cases} \theta = \theta_f - \dfrac{\omega}{2t_a}(t_f - t)^2 \\[2mm] \dot{\theta} = \dfrac{\omega}{t_a}(t_f - t) \\[2mm] \ddot{\theta} = -\dfrac{\omega}{t_a} \end{cases} \tag{9-22}$$

式中，t_f 为该段抛物线终止点时间。轨迹生成器按照式（9-20）～式（9-22）随 t 的变化实时生成轨迹。当进入新的运动段以后，必须基于给定的关节速度求出新的 t_a，根据边界条件计算抛物线段的系数，继续计算，直到计算出所有路径段的数据集合。

三、直角坐标空间轨迹的生成

前面已经介绍了直角坐标空间轨迹规划的方法。在直角坐标空间的轨迹必须变换为等效的关节空间变量，为此，可以通过运动学逆解得到相应的关节位置：用逆雅可比矩阵计算关节速度，用逆雅可比矩阵及其导数计算角加速度。在实际中往往采用简便的方法，即根据逆运动学以轨迹更新速率首先把 x 转换成关节角矢量 θ，然后再由数值微分根据下式计算 $\dot{\theta}$ 和 $\ddot{\theta}$：

$$\begin{cases} \dot{\theta}(t) = \dfrac{\theta(t) - \theta(t - \Delta t)}{\Delta t} \\[2mm] \ddot{\theta}(t) = \dfrac{\dot{\theta}(t) - \dot{\theta}(t - \Delta t)}{\Delta t} \end{cases} \tag{9-23}$$

最后，把轨迹规划器生成的 θ、$\dot{\theta}$ 和 $\ddot{\theta}$ 送往机器人的控制系统。至此轨迹规划的任务才算完成。

模 块 小 结

关节空间轨迹规划仅能保证机器人末端操作器从起始点通过路径点运动至目标点，但不能对末端操作器在直角坐标空间两点之间的实际运动轨迹进行控制，所以仅适用于 PTP 作业的轨迹规划。为了满足 PTP 控制的要求，机器人语言都有关节空间轨迹规划指令 MOVEJ。该规划效率最高，对轨迹无特殊要求的作业，尽量使用该指令控制机器人的运动。

直角坐标空间轨迹规划主要用于 CP 控制，机器人的位置和姿态都是时间的函数，对轨迹的空间形状可以提出一定的设计要求，如要求轨迹是直线、圆弧或者其他期望的轨迹曲线。在机器人语言中，MOVEL 和 MOVEC 分别是实现直线和圆弧轨迹的规划指令。

习　　题

1. 要求一个六轴机器人的第一关节用 3s 由初始角 50° 移动到终止角 80°。假设机器人从静止开始运动，最终停在目标点上，计算一条三次多项式关节空间轨迹的系数，确定第 1s、第 2s、第 3s 时该关节的角位置、角速度和角加速度。

2. 要求一个六轴机器人的第三关节用 4s 由初始角 20° 移动到终止角 80°。假设机器人由静止开始运动，抵达目标点时角速度为 5°/s^2。计算一条三次多项式关节空间轨迹的系数，绘制出关节的角位置、角速度和角加速度曲线。

3. 一个六轴机器人的第二关节用 5s 由初始角 20° 移动到 80° 角的中间点，然后再用 5s 运动到 25° 角的目标点。计算关节空间的三次多项式的系数，并绘制关节的角位置、角速度和角加速度曲线。

4. 要求用一个五次多项式来控制机器人在关节空间的运动，求五次多项式的系数，使得该机器人关节用 3s 由初始角 0° 运动到终止角 75°，机器人的起始点和终止点角速度均为零，初始角加速度为 10°/s^2，终止角减速度为-10°/s^2。

5. 要求一个六轴机器人的第一关节用 4s 以角速度 ω_1=10°/s^2、初始角 θ_0=40° 运动到终止角 θ_f=120°。若使用抛物线过渡的线性运动来规划轨迹，求线性段与抛物线之间所必需的过渡时间，并绘制关节的角位置、角速度和角加速度曲线。

工业机器人典型应用

我国的工业机器人从 20 世纪 80 年代"七五"科技攻关开始起步，在国家的支持下，通过"七五"、"八五"科技攻关，目前已基本掌握了机器人操作机的设计制造技术、控制系统硬件和软件设计技术、运动学和轨迹规划技术，生产了部分机器人关键元器件，开发出喷漆、弧焊、点焊、装配、搬运等机器人。经过多年的发展，工业机器人已在越来越多的领域得到了应用。在制造业中，尤其是在汽车产业中，工业机器人得到了广泛的应用。

2015 年世界机器人大会上，有专家给出了一组数据：全球汽车业产值是 8650 亿美元，机器人和自动化技术在其中产生了 6560 亿美元的价值。在汽车行业内，机器人已逐步取代了人的大部分工作，如：毛坯制造（冲压、压铸、锻造等）、机械加工、焊接、热处理、表面涂覆、上下料、装配、检测及仓库堆垛等作业。如图 10-0 所示。

图 10-0 汽车工厂中的工业机器人

对于整车厂来说，四大工艺是其核心内容，即冲压、焊接、喷涂和总装。汽车行业大量使用工业机器人，好处是高品质与高效率，缺点是缺乏灵活性。简单地说，使用工业机器人越多，效率与品质就越高，以中德合资的工厂而言，JPH 大约为 48，也就是 75s 生产一辆车；日本的工厂可以做到 60，也就是 1min 一辆车；韩国工厂可以做到 65，不到 1min 生产一辆车；自主车厂比较差的是 30，也就是 2min 一辆车。通常 1 年工作日是 250 天，每天工作 8h，JPH30 的话，年产能就是 6 万辆。

那么，工业机器人系统及典型应用具体有哪些呢？我们一起来看看吧！

知识目标

1. 了解工业机器人的典型应用。
2. 了解工业机器人在汽车制造业中的重要性。
3. 掌握工业机器人的分类。
4. 掌握焊接、喷涂、切割、装配、搬运等机器人工作原理。

技能目标

1. 学会分辨不同作用的工业机器人，并了解它们的工作方法。
2. 学会根据工作环境选择机器人种类。
3. 学会根据工作条件选择工业机器人的参数。
4. 学会搜索与工业机器人有关的资料。

任务安排

序号	任务名称	任务主要内容
1	了解装配机器人	装配机器人的发展状况 了解装配机器人在生产中的应用
2	了解焊接机器人	焊接机器人的发展状况 了解焊接机器人在生产中的应用
3	了解喷涂机器人	喷涂机器人的发展状况 了解喷涂机器人在生产中的应用
4	了解移动式搬运机器人	移动式搬运机器人的发展状况 了解移动式搬运机器人在生产中的应用

任务1　了解装配机器人

一、任务导入

产品都是由若干个零件和部件组成的。按照规定的技术要求，将若干个零件接合成部件或将若干个零件和部件接合成产品的劳动过程，称为装配。前者称为部件装配，后者称为总装配。它一般包括装配、调整、检验和试验、涂装、包装等工作。

装配必须具备定位和夹紧两个基本条件：

① 定位就是确定零件正确位置的过程。

② 夹紧即将定位后的零件固定。

装配机器人是柔性自动化装配系统的核心设备，由机器人操作机、控制器、末端执行器和传感系统组成。其中操作机的结构类型有水平关节型、直角坐标型、多关节型和圆柱坐标型等；控制器一般采用多CPU或多级计算机系统，实现运动控制和运动编程；末端执行器为适应不同的装配对象而设计成各种手爪和手腕等；传感系统用来获取装配机器人与环境和装配对象之间相互作用的信息。常用的装配机器人主要有可编程通用装配操作手即 PUMA 机器人（最早出现于 1978 年）和平面双关节型机器人即 SCARA 机器人两种类型。与一般工业机器人相比，装配机器人具有精度高、柔顺性好、工作范围小、能与其他系统配套使用等特点，主要用于各种电器的制造行业。

二、装配机器人的发展状况

装配是产品生产的后续工序，在制造业中占有重要地位，在人力、物力、财力消耗中占有很大比例，作为一项新兴的工业技术，机器人装配应运而生。在机器人应用各领域中只占很小的份额。究其原因，一方面是由于装配操作本身比焊接、喷涂、搬运等复杂；另一方面，机器人装配技术目前还存在一些待解决的问题。如：对装配环境要求高，装配效率低，缺乏感知与自适应的控制能力，难以完成变动环境中的复杂装配，对于机器人的精度要求较高，否则经常出现装不上或"卡死"现象。尽管存在上述问题，但由于装配所具有的重要意义，装配领域将是未来机器人技术发展的焦点之一。其重要性在机器人应用中将跃居第一位。

装配机器人（见图 10-1）从适应的环境不同，分为普及型装配机器人和精密型装配机器人；根据臂部的运动形式不同，又分为直角坐标型装配机器人、垂直多关节型装配机器人和平面关节型（SCARA）装配机器人。

经过多年来的研究与开发，我国在装配机器人方面有了很大的进步。目前在装配机器人研制方面，基本掌握了机构设计制造技术，解决了控制、驱动系统设计和配置、软件设计和编制等关键技术，还掌握了自动化装配线及其周边配套设备的全线自动通信、协调控制技术，在基础元器件方面，谐波减速器、六轴力传感器、运动控制器等也有了突破。

图 10-1　两种不同的装配机器人在工作

总的来看，目前装配机器人向提高控制精度、加快动作速度、操作机本体轻量化和多用途方向发展。在装配机器人种类方面发展动向有：①对特定的工件装配作业采用专用装配机器人，如为了焊接扁平封装的 IC 电路，使用能完成微细的局部加热的激光焊锡装配机器人；②为扩大装配机器人的适用范围，装配机器人必须进一步向智能化方向发展。随着机器人智能化程度的提高，对复杂产品（如汽车发电机、电动机、电动打字机、收录机和电视机等）进行自动装配将成为现实。柔性运动概念的研究及其进展，也有助于机械部件的自动装配工作。

三、了解装配机器人在生产中的应用

装配在现代工业生产中占有十分重要的地位。有关资料统计表明，装配劳动量占产品生产劳动量的 50%～60%，在有些场合，这一比例甚至更高。例如，在电子器件厂的芯片装配、电路板的生产中，装配劳动量占产品生产劳动量的 70%～80%。因此，用机器人来实现自动化装配作业是十分重要的。

而装配机器人是工业生产中，用于装配生产线上对零件或部件进行装配的工业机器人，它属于高、精、尖的机电一体化产品，是集光学、机械、微电子、自动控制和通信技术于一体的高科技产品，具有很高的功能和附加值。

装配机器人由主体、驱动系统和控制系统三个基本部分组成。主体即机座和执行机构，包括臂部、腕部和手部。大多数装配机器人有 3～6 个运动自由度,其中腕部通常有 1～3 个运动自由度；驱动系统包括动力装置和传动机构，用于使执行机构产生相应的动作；控制系统是按照输入的程序对驱动系统和执行机构发出指令信号，并进行控制。

装配机器人一般包括有装配单元（装配线）和周边设备。

（1）装配机器人装配单元、装配线　水平多关节型机器人是装配机器人的典型代表。它共有 4 个自由度：两个回转关节，上下移动以及手腕的转动。最近开始在一些机器人上装配各种可换手，以增加通用性。手部主要有电动手部和气动手部两种形式：气动手部相对来说比较简单，价格便宜，因而在一些要求不太高的场合用得比较多；电动手部造价比较高，主要用在一些特殊场合。

带有传感器的装配机器人可以更好地顺应对象物进行柔软的操作。装配机器人经常使用的传感器有视觉传感器、触觉传感器、接近觉传感器和力传感器等。视觉传感器主要用于零件或工件的位置补偿，零件的判别、确认等。触觉和接近觉传感器一般固定在指端，用来补偿零件或工件的位置误差，防止碰撞等。力传感器一般装在腕部，用来检测腕部受力情况，一般在精密装配或去飞边一类需要力控制的作业中使用。

（2）装配机器人的周边设备　机器人进行装配作业时，除机器人主机、手爪、传感器外，零件供给装置和工件搬运装置也至关重要。无论从投资额的角度还是从安装占地面积的角度，它们往往比机器人主机所占的比例大。周边设备常用可编程控制器控制，此外一般还要有台架和安全栏等设备。

① 零件供给器。零件供给装置主要有给料器和托盘等。

② 输送装置。在机器人装配线上，输送装置承担把工件搬运到各作业地点的任务，输送装置中以传送带居多。输送装置的技术问题是停止精度、停止时的冲击和减速振动。减速器可用来吸收冲击能。

任务 2　了解焊接机器人

一、任务导入

焊接也称为熔接、镕接，是一种以加热、高温或者高压的方式接合金属或其他热塑性材料如塑料的制造工艺及技术。现代焊接的能量来源有很多种，包括气体焰、电弧、激光、电子束、摩擦和超声波等。除了在工厂中使用外，焊接还可以在多种环境下进行，如野外、水下和太空。

无论在何处，焊接都可能给操作者带来危险，所以在进行焊接时必须采取适当的防护措施。焊接给人体可能造成的伤害包括烧伤、触电、视力损害、吸入有毒气体、紫外线照射过度等。所以，焊接工作在现代化的工厂中均已采用机械化、自动化。其优点不仅是提高了产品的生产率，更重要的是提高了产品的质量。

二、焊接机器人的发展状况

焊接机器人具有焊接质量稳定、改善工人劳动条件、提高劳动生产率等特点，广泛应用于汽车、工程机械、通用机械、金属结构和兵器工业等行业，如图10-2所示。

焊接机器人在高质量、高效率的焊接生产中，发挥了极其重要的作用。工业机器人技术的研究、发展与应用，有力地推动了世界工业技术的进步。近年来，焊接机器人技术的研究与应用在焊缝跟踪、信息传感、离线编程与路径规划、智能控制、电源技术、仿真技术、焊接工艺方法、遥控焊接技术等方面取得了许多突出的成果。随着计算机技术、网络技术、智能控制技术、人工智能理论以及工业生产系统的不断发展，焊接机器人技术领域还有很多亟待我们去认真研究的问题，特别是焊接机器人的视觉控制技术、模糊控制技术、智能化控制技术、嵌入式控制技术、虚拟现实技术、网络控制技术等方面将是未来研究的主要方向。

图10-2 不同的焊接机器人在工作

据不完全统计，全世界在役的工业机器人中大约有将近一半的工业机器人用于各种形式的焊接加工领域，焊接机器人（见图10-3）应用中最普遍的主要有两种方式，即点焊和电弧焊。我们所说的焊接机器人是在焊接生产领域代替焊工从事焊接任务的工业机器人。这些焊接机器人中有的是为某种焊接方式专门设计的，而大多数的焊接机器人其实就是通用的工业机器人装上某种焊接工具而构成的。在多任务环境中，一台机器人甚至可以完成包括焊接在内的抓物、搬运、安装、焊接、卸料等多种任务，机器人可以根据程序要求和任务性质，自动更换机器人手腕上的工具，完成相应的任务。因此，

图10-3 焊接机器人

从某种意义上来说，工业机器人的发展历史就是焊接机器人的发展历史。

三、了解焊接机器人在生产中的应用

众所周知，焊接加工一方面要求焊工要有熟练的操作技能、丰富的实践经验、稳定的焊接水平；另一方面，焊接又是一种劳动条件差、烟尘多、热辐射大、危险性高的工作。工业机器人的出现使人们自然而然首先想到用它代替人的手工焊接，减轻焊工的劳动强度，同时也可以保证焊接质量和提高焊接效率。然而，焊接又与其他工业加工过程不一样，比

如，电弧焊过程中，被焊工件由于局部加热熔化和冷却产生变形，焊缝的轨迹会因此而发生变化。

手工焊时有经验的焊工可以根据眼睛所观察到的实际焊缝位置适时地调整焊枪的位置、姿态和行走的速度，以适应焊缝轨迹的变化。然而机器人要适应这种变化，必须首先像人一样要"看"到这种变化，然后采取相应的措施调整焊枪的位置和状态，实现对焊缝的实时跟踪。由于电弧焊接过程中有强烈弧光、电弧噪声、烟尘、熔滴过渡不稳定引起的焊丝短路、大电流强磁场等复杂的环境因素的存在，机器人要检测和识别焊缝所需的信号特征的提取并不像工业制造中其他加工过程的检测那么容易，因此，焊接机器人的应用并不是一开始就用于电弧焊过程的。

焊接机器人的主要优点包括有：

① 易于实现焊接产品质量的稳定和提高，保证其均一性；

② 提高生产率，一天可 24h 连续生产；

③ 改善工人劳动条件，可在有害环境下长期工作；

④ 降低对工人操作技术难度的要求；

⑤ 缩短产品改型换代的准备周期，减少相应的设备投资；

⑥ 可实现小批量产品焊接自动化；

⑦ 为焊接柔性生产线提供技术基础。

焊接机器人的编程方法目前还是以在线示教方式（Teach-in）为主，但编程器的界面比过去有了不少改进，尤其是液晶图形显示屏的采用使新的焊接机器人的编程界面更趋友好、操作更加容易。然而机器人编程时焊缝轨迹上的关键点坐标位置仍必须通过示教方式获取，然后存入程序的运动指令中。这对于一些复杂形状的焊缝轨迹来说，必须花费大量的时间示教，从而降低了机器人的使用效率，也增加了编程人员的劳动强度。目前解决的方法有两种：一是示教编程时只是粗略获取几个焊缝轨迹上的几个关键点，然后通过焊接机器人的视觉传感器（通常是电弧传感器或激光视觉传感器）自动跟踪实际的焊缝轨迹。这种方式虽然仍离不开示教编程，但在一定程度上可以减轻示教编程的强度，提高编程效率。但由于电弧焊本身的特点，机器人的视觉传感器并不是对所有焊缝形式都适用。二是采取完全离线编程的办法，使机器人焊接程序的编制、焊缝轨迹坐标位置的获取以及程序的调试均在一台计算机上独立完成，不需要机器人本身的参与。

任务 3　了解喷涂机器人

一、任务导入

在制造业中，尤其是汽车制造业，很多的零件（如图 10-4 所示）都要经历喷涂过程，如刹车片、保险杠等。喷涂是汽车制造业中主要的制造工艺流程之一；喷涂的过程本身还有大量苯、甲苯、二甲苯等化学品，对施工人体产生伤害；可至今仍然有部分制造企业采用传统的手工喷涂装线来完成作业。但随着社会的进步，对喷涂质量和成本控制的要求也越来越高，产能需求也在不断增加，传统的作业方式已经满足不了需求。因此，自动化生产线对于调整企业产品开发战略，提高市场竞争力具有重要意义。主要目的在于提升生产效率、降低制造成本，改善作业环境，确保涂装精加工质量的最佳效果。

图 10-4 喷涂机器人加工的零件

二、喷涂机器人的发展状况

为了追求喷涂过程更高的效率和更大的灵活性，从 20 世纪 90 年代起汽车工业开始引入机器人技术。喷涂机器人是机器人大家族中一个分支，在高质量喷涂应用中获得迅猛的发展，喷涂机器人主要包含三部分：机器人本体、雾化喷涂系统和喷涂控制系统。雾化喷涂系统包括：流量控制器、雾化器和空气压力调节器等。喷涂控制系统包含了空气压力模拟量控制、流量输出模拟量控制和开枪信号控制等。与传统的机械喷涂相比，采用喷涂机器人大大降低了人工喷涂的劳动强度，解决了人为喷涂厚度不均和情绪不稳定的问题，涂装生产线一般都是连续运行的，工人可能由于生病、家里的原因请假以及个人的情绪波动都会影响喷涂产品的质量，机器人不知疲倦的工作不仅为企业节约了人力成本，而且提高了喷涂的质量，如图 10-5 所示。

图 10-5 不同的喷涂机器人在工作

喷涂机器人会按照工程师的程序指令进行稳定、重复地工作，喷枪与工件之间保持着既定的距离、角度，输出的油漆量也是设定好的，雾化效果也是预先设定好的，而且机器人还可以带着喷枪到达人工难以喷涂的部位，因为柔性机器人的安装方式很灵活，可以安装在地面、倒立悬挂在喷漆室顶部和喷房侧面进行喷漆。不仅如此，机器人由于喷涂的稳定性和一致性，不会出现超范围喷涂，这样大大节约了油漆，提高了油漆的回收率。安全是喷涂环节中企业非常重视的，喷涂机器人很大的贡献之一就是将喷涂工作者从危险的工作环境和枯燥的工作状态中替换出来，这样可以减少公司在防护用具上的支出，并降低了后续因工作环境因素导致工人身体伤害的补偿成本及法律成本。

　　喷涂机器人的发展是非常迅速的,早期的喷涂机器人无法在一个喷涂程序中间随时更改流量,而今流量的控制直接在机器人的控制系统中进行控制,使流量控制更加准确和便捷。在机器人防爆方面,目前广泛采用气体正压防爆方式,就是将机器人手臂上的电机等电器元件封闭在壳体内,工作时壳体通入高于外界压力的 25Pa 的阻燃气体,以防止工作环境可燃气体的进入,而且对壳体内气压进行实时的监测,这使得喷涂机器人的安全级别是很高的。为了减少现场轨迹编程的时间,机器人离线编程技术得到了应用,通过计算机编程软件的轨迹画面就可以生成机器人的轨迹指令,节约了在机器人示教中的时间。同时机器人视觉的发展也给企业带来了福音,同样的工件配合机器视觉就不用担心工件在挂具上摆放的不一致,摆放凌乱的工件也同样可以进行喷涂,因为偏差会让机器人实时地矫正自己的轨迹位置,从而让工件获得好的喷涂效果。

三、了解喷涂机器人在生产中的应用

　　现在喷涂机器人主要应用于以下几个行业。

1. 汽车行业

　　汽车工业凭借其产量大、节拍快、利润率高等特点,成为喷涂机器人应用最广泛的行业,汽车整车、保险杠的自动喷涂率几乎 100%。大量应用表明,喷涂机器人在汽车涂装中的应用会大大降低流挂、虚喷等涂膜缺陷,漆面的平整度和表面效果等外观性能得到明显提升。同时,受汽车工业应用需求的驱动,喷涂工艺软件包和离线编程工作站得到了较为完善的开发,并发挥出了重大作用。此外,喷涂机器人在客车及重卡驾驶室喷涂也有一定的应用。应用表明,采用喷涂机器人提高了涂装的外观质量,涂料及辅料消耗量减少了 40% 以上,大大降低了涂装的生产成本。

2. 3C 行业

　　3C 行业涉及电脑、通信和消费电子三大产品领域,要求喷涂机器人体积小、动作灵活。桌面型喷涂机器人在笔记本电脑、手机等产品外壳喷涂中发挥出了重要作用,有效缓解了企业招工难等问题。

3. 家具行业

　　随着人们对绿色生活的追求,木器家具广泛使用水性涂料。形状较规则的桌板、门板已广泛采用水性漆辊涂线生产,而对于形状不规则的桌腿等工件,喷涂机器人得到了一定程度的应用。

4. 卫浴行业

　　卫浴产品主要包括陶瓷卫浴产品和亚克力卫浴产品。陶瓷卫浴产品由陶瓷瓷土烧结而成,外表面制备陶瓷釉面;亚克力卫浴产品是指玻璃纤维增强塑料卫浴产品,其表层材料是甲基丙烯酸甲酯,反面覆上玻璃纤维增强专用树脂涂层。目前,陶瓷卫浴产品表面釉料的喷涂已广泛采用机器人喷涂;亚克力卫浴产品表面玻璃纤维增强树脂材料的喷涂也有一些企业在研究采用喷涂机器人。随着玻璃纤维增强塑料复合材料在卫浴、汽车、航空航天、游艇等的广泛应用,喷涂机器人将会发挥出更大的作用。

5. 一般工业

　　一般工业涵盖了机械制造、航空航天、特种装备等工业领域,其工件形状复杂、尺寸多

变、同种工件数量少，喷涂机器人的应用比较困难。但随着技术的进步，这一领域有着巨大的市场应用空间。目前，喷涂机器人在该行业开展了小范围的应用。

喷涂机器人已广泛应用于汽车、3C、家具等行业，取得了良好的经济效益和社会效益。展望未来，喷涂机器人会在许多方面引领涂装技术的变革和推动涂装行业自动化和信息化进程。

任务4 了解移动式搬运机器人

一、任务导入

在工厂中，总是避免不了一项工作，那就是搬运，也就是将零件、工具、成品从一个工位搬运到另外一个工位上，让下一个环节的工人进行加工或是检查。搬运时，我们可以使用传送带或是搬运机器人。

移动式搬运机器人（Mobile robot）有别于过去传统概念中的搬运。它能够针对不同路径、不同的搬运对象、不同生产规模作出智能工作反应，如图10-6所示。

图 10-6 搬运小车在厂房穿行

在这个任务中，我们就要学习搬运机器人。

二、移动式搬运机器人的发展状况

搬运机器人是可以进行自动搬运作业的工业机器人。最早的搬运机器人是1960年美国设计的 Versatran 和 Unimate。搬运时机器人末端夹具设备握持工件，将工件从一个加工位置移动到另一个加工位置。目前世界上使用的搬运机器人超过10万台，广泛应用于机床上下料、压力机自动化生产线、自动装配流水线、码垛搬运、集装箱搬运等场合。

搬运机器人又可以分为可以移动的搬运小车，用于码垛的码垛机器人，用于分解的分解机器人，用于机床上下料的上下料机器人等。其主要作用就是实现产品、物料或工具的搬运，主要优点如下：

① 提高生产率，一天可以24h无间断工作。

② 改善工人劳动条件，可在无害环境下工作。

③ 降低工人劳动强度，减少人工成本。

④ 缩短了产品改型换代的准备周期，减少相应的设备投资。

⑤ 可实现工厂自动化、无人化生产。

在搬运机器人中包括一种常用的分支，那就是轮式移动的无人搬运车（即 AGV：Automated Guided Vehicle），如图 10-7 所示。

随着物流系统的迅速发展，AGV 小车的应用范围也在不断扩展。通过实际硬件实验，AGV 系统能够达到预期设计要求，能够广泛运用于工业、军事、交通运输、电子等领域，具有良好的环境适应能力、很强的抗干扰能力和目标识别能力。

图 10-7　不同型号的 AGV 小车

世界上第一台 AGV 是由美国 Barrett 电子公司于 20 世纪 50 年代初开发成功的，它是一种牵引式小车系统，可十分方便地与其他物流系统自动连接，显著地提高劳动生产率，极大地提高了装卸搬运的自动化程度。1954 年英国最早研制了电磁感应导向的 AGVS，由于它的显著特点，迅速得到了应用和推广。到了 20 世纪 70 年代中期，由于微处理器及计算机技术的普及，伺服驱动技术的成熟促进了复杂控制器的改进，并设计出更为灵活的 AGV。1973 年，瑞典 VOLVO 公司在 KALMAR 轿车厂的装配线上大量采用了 AGV 进行计算机控制装配作业，扩大了 AGV 的使用范围。

日本在 1963 年首次引进 AGV，其第一家 AGV 工厂于 1966 年由一家运输设备供应厂商与美国的 Webb 公司合资建成。1976 年后，日本对 AGV 的发展给予了高度重视，每年增加数十套 AGV 系统，有神钢电机、平田电机、住友重机等 27 个主要生产厂商生产几十种不同类型的 AGV。目前，全世界 AGVS 保有量在 16000 套以上，AGV 在 10 万台以上。

我国 AGV 发展历程较短，但一直以来不断加大在这一领域的投入，以改变我国 AGV 长期依赖进口的局面。经过不懈地努力终于取得了一定的成效，北京起重运输机械研究所、清华大学、中国邮政科学院邮政科学研究规划院、中国科学院沈阳自动化所、大连组合机床研究所、国防科技大学和华东工学院都在进行不同类型的 AGV 的研制并小批投入生产。1995 年，我国的 AGV 技术出口韩国，标志着我国自主研发的机器人技术第一次走向了国际市场。

三、了解移动式搬运机器人在生产中的应用

移动机器人的组件是控制器（嵌入式微控制器或个人计算机）、控制软件（装配级语言或高级语言）、传感器（使用的传感器取决于机器人的要求）和执行器。

移动式搬运机器人能够产生导航，不受环境的限制，不需要物理引导装置。在商业和工业环境中变得越来越普遍。例如：医院使用自主移动机器人来移动材料，仓库安装使用了移动机器人系统等。

它的应用主要有以下几个领域。

1. 制造领域

移动机器人（AGV）在制造业领域主要应用于生产线上下料的搬运，车间与仓库间的转运出入库以及作为生产线上的移动平台进行装配工作。

近年来，AGV 在制造领域成为最受欢迎的"员工"，除了其他外界因素外，主要是因其能高效、准确、灵活并且没有任何情绪地完成领导下达的每项任务。就拿 AGV 行业领导者佳顺智能的 AGV 举例：在全球十大座椅品牌的各中国工厂内，随处可见佳顺 AGV 忙碌的身影，AGV 潜伏到料车下，利用牵引棒自动升降，挂接已经装满整椅零件的料车，单次可以运载 500kg（承载能力根据需求定制）的物料，无需额外的人工搬运；另外，倒退牵引式 AGV 还可自动倒车并挂接料车，无需人工挂接。由多台佳顺 AGV 组成柔性的物流搬运系统，搬运路线可以随着生产工艺流程的调整而及时调整，使一条生产线上能够制造出十几种产品，大大提高了生产的柔性和企业的竞争力。AGV 在汽车制造厂，如本田、丰田、神龙、大众等汽车厂的制造和装配线上得到了普遍应用。

2. 物流领域

移动机器人（AGV）在仓储物流领域主要应用于仓储中心货物的智能拣选、位移，立体车库的小车出入库以及港口码头机场的货柜转运。其中仓储物流机器人最为被熟知的是亚马逊的 KIVA 机器人，目前有超过 15000 台 KIVA 机器人在亚马逊的物流中心工作。它们增加了仓库空间的容纳量，在中心使用 KIVA 系统能处理 50%以上的库存。

3. 服务领域

目前活跃在服务领域的移动机器人（AGV）主要有清洁机器人、餐饮机器人、家用机器人、迎宾机器人、导购机器人、医疗机器人等。服务机器人一般具有人脸识别、语音识别等人机交互功能，通过装载摄像头、托餐盘、智能触屏界面等可实现迎宾取号、咨询接待、信息查询、业务引导、物品运送等业务，目前广泛应用于餐厅、银行、医疗、政务部门、酒店、商场等相关行业，代替或部分代替员工进行相应服务。

4. 其他领域

移动机器人（AGV）在其他领域的应用主要在于户外的巡检，特种环境下的作业运输巡检等。

模 块 小 结

本模块介绍了工业中常用的机器人，如装配机器人、焊接机器人、喷涂机器人、移动式搬运机器人等。工业机器人在生产中已经起到了非常重要的作用，它们帮助人类解决了很多难题，也减轻了工人们的劳动强度，从而提高了生产效率。

工业机器人的知识不仅仅是这些，读者可通过网络或是图书等资源来了解更多的工业机器人。

习　题

1. 工业生产中最常用哪几种机器人？
2. 装配机器人的作用是什么？通过网络了解最先进的装配机器人技术。
3. 焊接机器人的作用是什么？焊接机器人可以实现哪些焊接方式？
4. 喷涂机器人是什么？
5. 移动式搬运机器人的作用是什么？什么是 AGV 小车？

参 考 文 献

[1] 董春利.机器人应用技术[M].北京：机械工业出版社，2015.

[2] 刘小波.工业机器人技术基础[M].北京：机械工业出版社，2016.

[3] 徐德，谭民，李原.机器人视觉测量与控制[M].第 2 版.北京：国防工业出版社，2011.

[4] 蔡自兴.机器人学基础[M].北京：机械工业出版社，2009.

[5] 蔡自兴，谢斌.机器人学[M].北京：清华大学出版社，2015.

[6] Saeed B.Niku 著.机器人学导论——分析、控制及应用[M].孙富春，朱纪洪，刘国栋等译.第 2 版.北京：电子工业出版社，2013.

[7] 李俊文，钟奇.工业机器人基础[M].广州：华南理工大学出版社，2016.

[8] 余文勇，石绘.机器视觉自动检测技术[M].北京：化学工业出版社，2013.

[9] 杜广龙，张平.机器人运动学在线标定技术[M].广州： 华南理工大学出版社，2016.

[10] 王斌.传感器检测与应用[M].第 2 版.北京：国防工业出版社，2014.

[11] 腾宏春.工业机器人与机械手[M].北京：电子工业出版社，2015.

[12] 陈万米.机器人控制技术[M].北京：机械工业出版社，2017.

[13] 黄志坚.机器人驱动与控制及应用实例[M].北京：化学工业出版社，2016.

[14] 邢美峰.工业机器人操作与编程[M].北京：电子工业出版社，2016.

[15] 蒋庆斌，陈小艳.工业机器人现场编程[M].北京：机械工业出版社，2014.

[16] 兰虎.焊接机器人编程及应用[M].北京：机械工业出版社，2015.

[17] 何成平，董诗绘.工业机器人操作与编程技术[M].北京，机械工业出版社，2016.

[18] 叶晖.工业机器人典型应用案例精析[M].北京：机械工业出版社，2013.

[19] 李慧，马正先，逄波.工业机器人及零部件结构设计[M].北京：化学工业出版社，2017.

[20] 张毅.移动机器人技术基础与制作[M].哈尔滨：哈尔滨工业大学出版社，2013.

参考文献